国家出版基金项目
NATIONAL PUBLICATION FOUNDATION

中国卷

世界灌溉工程遗产研究丛书

谭徐明　总主编

刘建刚　著

山区灌溉工程的典范

宁德黄鞠渠

长江出版社
CHANGJIANG PRESS

总序

在世界广袤的大地上，分布着丰富且类型多样的人类文明，古代灌溉工程就是其中之一。直到今天，还有相当数量的古代灌溉工程在持续地为人们提供着生活、灌溉和生态供水服务。现存的古代灌溉工程历经长久考验，没有成为西风残照的废墟，也没有成为书籍中刻板的回忆，而是以与自然融为一体的形态存在，并成为兼具工程价值、科学价值和文化价值的人类文明奇迹。

2014年，国际灌溉排水委员会（ICID）开始在世界范围内评选收录灌溉工程遗产，旨在挖掘、保护、利用和宣传具有历史意义的灌溉工程所蕴含的自然哲理、科学思想、文化价值和实用价值。从2014年至2020年，经由中国国家灌排委员会推荐和国际评委会评审，我国有安徽的芍陂、四川的都江堰等二十处具有历史意义的灌溉工程入选世界灌溉工程遗产名录。由此，古老而丰富的中国灌溉工程遗产向世界又开启了一个了解和认识中国文明史的新窗口，让更多的人走进中国悠久而辉煌的水利史，探索这些工程中蕴藏的人与自然和谐相处的理念和古代贤人因势利导的治水智慧和方略。

粮食充裕则天下稳定，人民安居乐业，而灌溉工程正是在洪涝干旱灾害频发的自然环境下保障粮食丰收的关键所在。中国是灌溉文明古国，历朝历代从一国之君到州县官员无不重农桑兴水利，并确立了从中央到民间权、责、利相互结合的灌溉管理制度。农耕文明下的这些灌溉工程及其管理制度和道德约束，为水利发展注入了民族精神，并在历史的长河中衍生出独特的文化和记忆，使得现存的古代灌溉工程在这一独特的文化滋养下世代相传、经久不衰。每一处灌溉工程遗产都是人与自然和谐相处和可持续发展活生生的实证。

中国 5000 年的农耕文明史中，因水资源禀赋和自然环境差异而建造出类型丰富、数量众多的灌溉工程。留存下来的古代灌溉工程得以延续至今，往往缘于这一灌溉工程在规划、选址、选型、建设和管理上的可持续性，随着科技和社会的发展，其功能和效益仍在扩展中。如安徽寿县的芍陂，是我国历史最悠久的大型陂塘蓄水灌溉工程，它始建于战国时期最强盛的楚国，历经 2600 多年后，至今仍灌溉着 67 万亩农田，并成为今天淠史杭灌区的反调节水库。再如有 2270 多年历史的四川都江堰，是世界上年代最久远、仍在发挥作用的无坝引水灌溉工程。留存至今的古代灌溉工程堪称人与自然和谐相处的典范，是可持续发展的活样板。

抛弃历史的前进，终究是无本之木，善于继承方能更好创新发展。在我们拥有先进科学技术的当代，从灌溉工程遗产中汲取经过历史检验的科学理念、智慧和经验，把现代科学技术与经过历史检验的思想和理念相结合，有助于更好地设计和建造人水和谐与可持续发展的灌溉工程。灌溉工程遗产也是重要的文化传承，在灌区现代化建设的过程中应该同时加强对灌溉工程遗产和灌溉文明的保护，让中华大地上美轮美奂的古代灌溉工程和丰富多彩的灌溉文化依然充满生命力，让历史文化在流水潺潺的水渠、在生机勃勃的田野得到永恒延续发展，为我国灌溉文化的生命传承和建设现代化生态灌区注入不竭的动力。

中国水利水电科学研究院原总工程师
2011—2014 年国际灌溉排水委员会第 22 届主席

2023 年 8 月于北京玉渊潭

黄鞠渠

前言

在中国东南沿海福建省，有一处上千年历史的古老水利工程——黄鞠渠工程屹立于山谷之间，它的水源霍童溪发源于鹫峰山脉北段和洞宫山脉南段之间，全长 126 千米。霍童溪从西往东穿过霍童镇，河道坡度较大，是典型的山区河流。

黄鞠渠工程由隋朝原谏议大夫黄鞠主持修建，工程的建成改变了当地荒山遍野、杂草丛生的生存环境，这里变成了稻田阡陌、茶树密布、花果飘香、物产丰富的沃土。工程持续使用时间约1400 年，灌溉面积约 2 万亩（1333.3 公顷），至今发挥着引水、灌溉的功能，同时还具有生活、生态、消防等综合效益。

黄鞠渠工程体系主要包括右岸龙腰渠、左岸琵琶洞引水渠、田间渠系和调蓄陂池。右岸龙腰渠，始建于隋大业九年（公元 613年）前后，是全长 5000 余米的明渠，宽 1.51~2.72 米，深 0.95~3米，渠首筑长 20 多米的石坝，引霍童溪一级支流大石溪水入渠道，在龙腰自然村的大榕树处分为两支。一支利用地形灌溉高处农田，一支引水入村，利用水位高差建有五级水碓，进行农副产品和粮油加工。之后渠水进入日、月、星等调蓄陂池，在石桥村内形成九曲，分水处设立石蛤蟆，用来阻挡急流和提高水位，方便对渠道进行分段管理，同时也便于村民洗涤、消防、防旱、防涝使用，渠水最后依然流入田间进行灌溉。左岸琵琶洞引水渠，始建于隋皇泰元年（公元 618 年）前后，在松岸洋凿琵琶洞引水渠 7 段，通过琵琶洞引霍童溪水入堵坪湖。琵琶洞引水渠原为 7 段，现存 5 段，长 77 米，平均高 2.41 米，宽 1 米左右，把霍童溪水引入堵坪湖来灌溉农田。灌区内主要种植作物为水稻、茶树、枇杷等。

黄鞠渠工程是民间自筹修建、政府参与管理的典范。据《三山志》记载，宋淳熙二年（公元 1175 年），有人想侵占琵琶洞引水渠沿线的蓄水陂池造田，当地政府出面制止，不允许破坏工程。据黄氏族谱"龙腰渡水"记载，"一派周流应不滞，千畦分荫自无偏"，为保证公平用水，灌溉的同时需要保证干渠不断流。民间对灌溉工程的管理，延续着祖辈制定的乡规民约，除每年疏浚之外，还保持着水质清洁的良好传统，沿用至今。

右岸龙腰渠、左岸琵琶洞灌溉工程的技术成就，主要体现在无动力驱动时代，在霍童溪两岸恶劣的地理环境下，利用地形、水源高差，通过精密测算，建石坝雍水，采用"火烧水激凿石工法"，在右岸龙腰山凿水渠、左岸石崖凿琵琶洞穿山引水。右岸龙腰渠开凿过程中，通过巧妙设置 36 尊石佛，保持渠道自上游至下游有一定的坡度，能够实施自流灌溉，石佛的作用还在于对佛教信仰的传承和宣扬，同时一尊尊石佛的增加，可以明显标志隧洞开凿进展程度，鼓舞工匠士气。

黄鞠渠工程是中原文化引入和结合的范例，是衣冠南渡的典型代表。黄鞠带领家族避难南迁投亲闽东，定居闽东霍童镇石桥村，采用先进技术修建龙腰渠和琵琶洞工程，并引入中原先进的农耕技术和农作物品种，改善了当地耕种条件，奠定了霍童溪两岸持续千余年的经济繁荣和稳定的社会形态，衍生了丰厚的灌溉文化，并形成了优美秀丽的人居环境。

　　工程的创建者黄鞠后来成为一方水土的守护神，载入史册，被后人永久纪念。石桥村龙首堂和黄鞠墓都是后人为纪念黄鞠而专门修建的，霍童镇的"二月二"灯会和舞线狮等民间活动都是为纪念黄鞠而举行的，表达着当地老百姓对他所做突出贡献的感激之情和祈求风调雨顺的美好愿望。

　　当前，黄鞠渠工程已成功入选第四批世界灌溉工程遗产名录和第八批全国重点文物保护单位，工程的管理者在积极保护和维护着这一珍贵的灌溉工程遗产，为当代和后代留下了灌溉文明的历史见证，也将在区域可持续发展中继续发挥不可或缺的作用。

目 录

世界灌溉工程遗产研究丛书

中国卷

第一章　概　述

　　黄鞠渠位于福建省宁德市蕉城区霍童镇，霍童溪中游河谷地带。根据家谱和地方史料记载，工程始建于公元 7 世纪初，至迟于 12 世纪工程体系已臻完善，持续使用 1000 多年，对当地的经济文化和社会发展发挥了重大作用，灌溉面积 2 万亩（1333.3 公顷）左右。至今发挥着农业灌溉、生活供水、水力加工等综合功能。

第一节　地理环境

　　宁德，位于福建省东北翼沿海，因位于福建省闽东地区别称闽东，东临东海，与台湾地区隔海相望，西邻南平，南接省会福州市，北接浙江。宁德，是中国大黄鱼之乡，国家级园林城市，拥有世界级天然深水港三都澳。地形以丘陵山地为主，沿海为小平原，属中亚热带海洋性季风气候。

一、区位及自然禀赋

　　宁德市位于福建省东北部，介于东经 118°32'~120°43'、北纬 26°18'~27°40' 之间，东临东海，南接福州，西连南平，北与浙江省温州市接壤。

审图号：闽S〔2018〕54号　　　　福建省测绘地理信息局　监制

图1-1　宁德市地图

（一）地形地貌

宁德市总面积 13452 平方千米，其中以山地、丘陵为主，沿海有面积不大的海积、冲积平原。

宁德市在福建省地层区划中属华南地层区东南沿海地层分区。境内除福鼎大部和柘荣一部地域属温州地层小区外，其余均属青田漳州地层小区。在地质构造带中，宁德市位于闽东燕山火山岩断裂带北部，处在东南沿海火山岩带。

宁德市地貌基本轮廓在燕山运动末期即已形成，在福建省地貌区划中属闽中火山岩系中山地貌区和东部沿海花岗岩丘陵与平原地貌区。其地形西、北部高，东、南部低，中部隆起，大致呈"门"形的梯状。境内西北部有洞宫山、鹫峰山两大山脉，千米以上山峰 696 座，最高峰山尖海拔 1649 米；中北和中南部有太姥山和天湖山两条山脉，千米以上山峰 189 座，最高峰山尖海拔 1479 米；东面濒临太平洋，海域内港湾岛屿众多，海湾、港湾 178 个，岛屿 305 个，构成区内地势陡峻，其间杂有山间盆地，沿海一带夹滨海堆积平原。

（二）海域

宁德市海阔港深。海岸线长度 1046 千米，居全省各设区市之首；海域面积 4.46 万平方千米，浅海滩涂面积 9.34 万公顷，可供作业的海域面积是境内陆地面积的 3.3 倍。区域内有岛、礁、沙、滩、岬角、水道、河口共 1215 个，大小港湾 29 个，其中三都澳深水岸线长度居全省港口之首。

二、气候

宁德市地处东南沿海，属中亚热带海洋性季风气候。具有山地气候、盆谷地气候等多种气候特点，春夏雨热同期，秋冬光温互利，光能充足，热量丰富，雨水充沛，四季分明，海洋性季风气候显著，沿海和内陆温差悬殊，气候类型呈多样性，灾害性气候频繁。

由于有 4 个高海拔山区县，气象要素的地理差异较大。全市年平均气温为 17.5℃、生长期 327.9 天、无霜期 270.4 天、日照时数 1637.7 小时、降水量 2350 毫米。降水集中于两个时段，即 5—6 月的雨季（前汛期）和 7—9 月的台风季（后汛期）。年平均有 3.5 个台风影响，暴雨日数年平均 5.7 天，大暴雨年发生概率全市平均为 80.3%，特大暴雨多为台风影响造成，其中柘荣出现特大暴雨的概率最大。

三、水资源

宁德市地处东南沿海，多年平均降水量 1705 毫米，地表水和地下水水资源量较为丰沛。

（一）地表水资源

宁德市境内地表水资源年际间变化较大，丰水年水量为枯水年的 1.2 倍。季节性差异也较大，径流量与降水量相应集中在 4—9 月，占年径流量的 75％ 左右，而枯季（10 月至翌年 3 月）仅占25％。由于受两种不同雨型降水的影响，径流量分配多呈双峰型。第一个高峰期出现在 5—6 月，由锋面雨影响所致，以西部较突出，径流量占全年的 30％ ~35％，为全市径流量最大补给期。第二个高峰期出现在 8—9 月，系受台风雨影响，径流量占全年的 20％ ~27％，以沿海较突出；而地处西南的古田及屏南西部区域，年径流主要由锋面雨补给，年内分配多呈单峰型。在地表水资源总量中，洪水径流量占 94.3％，稳定的基流量仅占 5.7％。

全市多年平均地表水资源量为 146.5 亿立方米。其中，蕉城区18.29 亿立方米，福安市 19.80 亿立方米，福鼎市 17.79 亿立方米，霞浦县 15.01 亿立方米，古田县 21.48 亿立方米，周宁县 13.98 亿立方米，屏南县 15.62 亿立方米，寿宁县 17.81 亿立方米，柘荣县 6.68亿立方米。

（二）地下水资源

宁德市多年平均地下水资源有 26.49 亿立方米，约占水资源总量的 18.1％。丰水年地下水总量 35.04 亿立方米，平水年总量26.62 亿立方米，偏枯年总量 22.81 亿立方米，枯水年总量 11.16亿立方米。

（三）水资源总量

全市多年平均水资源总量为 146.5 亿立方米。

四、山川河流

境内河流多西北东南走向，形成独流诸河，较大的河流 24 条。全市河流总流域面积达 11899 平方千米。其中，最大的交溪和霍童溪两条水系的干流及其 10 条较大的支流，占全市流域总面积的 65.5%，地下水资源约占水资源总量 14% 左右。水能资源理论蓄存量 191.64 万千瓦，可开发利用装机容量 131.09 万千瓦，占蓄存量的 68.87%。

境内水系沿构造线发育，呈树枝状展布，主河道由西北—东南走向入海，形成闽东诸河。全市 100 平方千米以上溪流 14 条，其中交溪流域 5635 平方千米，霍童溪流域 2244 平方千米，闽江支流古田溪在宁德境内 1799 平方千米。境内河流上源至中游段蜿蜒曲折，河道狭窄陡峭，水流湍急，落差大；下游河面宽，河床平缓，流速平稳，除古田溪、武步溪、谷口溪汇入闽江及霍口溪汇入敖江之外，其余均自成独立河系，汇聚三都澳，流入东海[①]。

（一）交溪流域

交溪，原名长溪，又名赛江，是福建省第四大河流，宁德市最大的溪河，属省际河流。发源于洞宫山脉，由 14 条较大的支流组成，流经 11 个县。上游有东溪、西溪两大支流在福安湖塘坂村交汇后经福安城区，流经溪柄镇宸山村纳茜洋溪，到赛岐镇廉首村纳入穆阳溪后称赛江，经甘棠镇后称白马河，出白马港、白马门注入三都澳。交溪流域面积 5635 平方千米（福安白马门），主河道长 162 千米，平均坡度 3.7‰，流域呈扇形，多年平均年径流

---

① 福建省宁德市水利局.《宁德市水利志》[M]，中国水利水电出版社，2011

量 67.42 亿立方米，多年平均流量 285 立方米每秒。

交溪水位的季节变化和年际变化都较大，属山区性河流。据白塔水文站观测，高水位出现在每年的 5—9 月，低水位出现在每年 11 月至次年的 3 月，年内最高与最低水位相差最大的 14.49 米，最小的 4.24 米；交溪多年平均水位 20.82 米，极端最高水位达 34.88 米（罗零基面以上米数），出现于 1965 年 8 月 20 日，仅次于 1922 年。极端最低水位仅 20.02 米，出现在 1959 年 11 月。每年平均超警戒水位 1.7 次，超危险水位 0.8 次。

（二）霍童溪流域

霍童溪是宁德市第二大河流，是福建省著名的"八大水系"之一，发源于鹫峰山脉，上游自北而南有后垄溪、棠口溪、金造溪和黛溪四大支流，在蕉城区洪口乡聚合后经霍童镇、九都镇、八都镇和猊村汇入三都澳，出东海。流域面积（至宁德猊村）2244 平方千米，河道总长 126 千米，坡度 6.2‰，流域呈狭长形。多年平均年径流量 24.3 亿立方米，多年平均流量 90.47 立方米每秒。

霍童溪流域地势西北高、东南低，流域多属中低山地，中上游酷似高原，一般海拔高程 600~900 米，以屏南县的东峰尖为最高，海拔 1627 米，地面呈波状起伏。如屏南城关、棠口、双溪、杨源及寿山等镇，上游河谷切割较浅，河谷以峡谷为主，间有宽谷，流域北部许多山岭为高程千米以上的中山地。干支流中游如潭头、棠口及金造桥等，及下游至柏步为深切峡谷，落差大，河流湍急，两岸村庄一般分布在山上。柏步下游沿河为低山地，水流较缓，两岸常见带状冲洪积阶地或小平原。霍童溪流域水土保持较好，植被覆盖率高，森林覆盖率在 70% 左右。

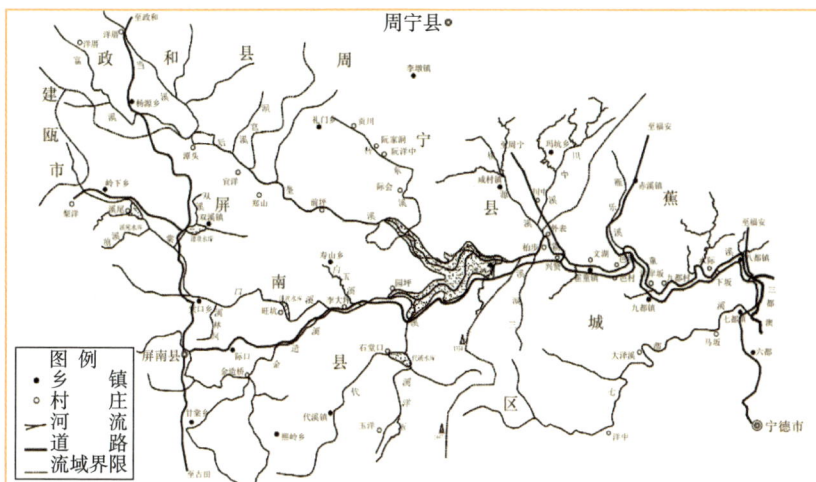

图1-2　霍童溪流域水系图^①

据霍童溪洋中坂水文站观测，霍童溪洋中坂站历史上最高水位达12.86米（假定高程），出现在2006年6月6日，超过警戒水位3.86米，流量6400立方米每秒；最低水位仅4.14米，出现在1979年12月16日。

霍童溪上游自北而南有后垄溪、棠口溪、金造溪和黛溪的四大支流，在蕉城区洪口乡聚合后经霍童镇、九都镇、八都镇和岙村汇入三都澳，出东海。流域面积（至宁德岙村）2244平方千米，占全市诸河流域总面积的18.86%，河道干流长126千米，坡度6.2‰，流域形状系数0.18，呈狭长形，多年平均径流量28.52亿立方米。后垄溪为霍童溪主流，也是屏南、政和、周宁三县界河，干流上游翠溪发源于和县的杨源偏远山区。后垄溪干流流经杨源乡的翠西村、屏南县的潭头、岩后、宜洋、郑家山、后垄等村庄，于金

---

①霍童溪是宁德的母亲河，水质是福建省最好的流域，霍童溪及其支流大石溪是黄鞠渠工程右岸琵琶洞和左岸龙腰渠的主水源。

钟渡纳棠口溪后入霍童溪干流，流域面积 665 平方千米，河长 81 千米，平均坡度 10.8‰。后垄溪中上游河道陡峻，滩多急流，人烟稀少，生态资源丰富，风景秀丽，是猕猴、鸳鸯良好的栖息地，是著名的猕猴、鸳鸯自然保护区，又是风景名胜区。

吾东溪（原名五丈溪），系后垄溪支流，因过吾东溪村而改名。发源于礼门乡的南主岩，流经贡川、际会、吾东溪、家潭头汇入后垄溪。流域面积 72.4 平方千米，河长 22.1 千米，平均坡度 35.7‰。桃源溪系霍童溪支流，因流经"桃源"而得名。发源于七步乡菩萨顶山麓，流经车盘、际岩里、咸村，至街头亭出境，汇入霍童溪。流域面积 177.61 平方千米，河长 21.7 千米，平均坡度 20.16‰，注入桃源溪的有川中溪等支流。川中溪系桃源溪支流，发源于方广寺附近，经长峰、赤洋、川中至李兰山汇入桃源溪，流域面积 79.0 平方千米，河长 18.1 千米，平均坡度 26.88‰。汇入川中溪的有下坑溪及玛坑乡杉洋村诸涧。

棠口溪为霍童溪最大支流，发源于建瓯市水源乡和屏南县岭下乡交界山区，流经屏南县岭下、双溪、棠口等乡镇，途中纳金造溪、白玉溪和黛溪等支流。棠口溪流域面积 985 平方千米，河流全长 78.5 千米，平均坡度 11.34‰。金造溪为棠口溪支流，发源于屏南县甘棠镇天湖顶北麓，流经甘棠、南门山、金造桥、茗溪、上培等村庄，于单吊桥汇入棠口溪干流，金造溪流域面积 271 平方千米，河长 36 千米，平均坡度 20.5‰。黛溪为棠口溪支流，发源于屏南县黛溪镇境内偏远山区，流经屏南县黛溪、泮地、宁德市的前亭坪等村庄，于宁德市上涧村下游 2 千米处汇入棠口溪干流，黛溪流域面积 248 平方千米，河长 36.1 千米，平均坡度 16.08‰。

霍童溪流域主要河道特征值表见表1-1。

表 1-1 　　　　　　　　　　霍童溪流域主要河道特征值表

水系	河名	集水面积（千米²）	河道长度（千米）	河道坡度（‰）
后垄溪	吾东溪	72.4	22.1	35.7
	桃源溪	177.61	21.7	20.16
	后垄溪	665	81	10.8
棠口溪	黛　溪	248	36.1	16.08
	金造溪	271	36	20.5
	棠口溪	985	78.5	11.34
霍童溪		2244	126	6.2

　　霍童溪流域上游有棠口水文站，下游有洋中坂水文站。棠口水文站位于棠口溪中上游的棠口村，控制流域面积243平方千米，1972年开始观测至今，观测项目有水位、流量、降雨量等。洋中坂水文站位于蕉城区九都镇洋中坂村，控制流域面积2082平方千米，自1957年观测至今，观测项目有水位、流量、降雨、蒸发、水温、泥沙等。邻近流域有穆阳溪的七步水文站、洋坪村水文站和鳌江的塘坂水文站的资料作为参考分析。霍童溪流域雨量站（一般从1958年开始观测至今）有：岭下、富竹、双溪、仕洋、棠口、玛坑、黛溪、洋中坂、霍童、杨源、后垄、上培、屏南、虎贝、甘棠、礼门、咸村、下车盘等。霍童溪主要干支流各坝址的径流成果采用棠口、洋中坂站的径流分析资料进行修正搬用。

（三）古田溪

　　闽江北岸支流之一，发源于屏南县北部，鹫峰山脉南麓，下游南出半坑亭和闽清县后洋至古田县水口汇入闽江。流域面积1799平方千米，总长90千米，坡度6.6‰，多年平均年径流量

18.22 亿立方米，多年平均流量 57.78 立方米每秒。

（四）霍口溪

属敖江支流之一，源于天湖山南坡和土满山系东坡，流经古田卓洋、鹤塘、杉洋、大甲，经罗源、连江注入东海。古田县境内总长 30 千米，流域面积 450 平方千米，河道坡度 19.9‰，多年平均年径流量 5.37 亿立方米，多年平均流量 16.83 立方米每秒。

（五）水北溪

源于浙江省境，流经福鼎县城汇入沙埕港。流域面积 425 平方千米，总长 43.4 千米，坡度 7.69‰，多年平均年径流量 5.96 亿立方米，多年平均流量 18.9 立方米每秒。

（六）霞浦七都溪

源于柘荣县，在福鼎境内称为赤溪，在霞浦境内上游称七都溪，下游称杨家溪，流域面积 381 平方千米，总长 54 千米，河流坡度 8.1‰，多年平均年径流量 4.36 亿立方米，多年平均流量 13.49 立方米每秒。

（七）蕉城七都溪

源于蕉城区虎贝第一旗山，流经白岩村后接纳溪坂尾溪，流经蕉城洋中后接纳凤田、溪富、石后等溪水后折向北东，流经大泽溪、大港、宫仓、马坂、龙亭，至七都镇注入三都澳。流域面积 334 平方千米，总长 58 千米，平均坡度 11.3‰，多年平均年径流量 4.82 亿立方米，多年平均流量 15.28 立方米每秒。

（八）杯溪

霞浦县最大河流，源于柏洋乡，由北往南流经崇儒至盐田入海，流域面积 285.7 平方千米，总长 51 千米，河流坡度 10.5‰，多年平均年径流量 2.93 亿立方米，多年平均流量 9.29 立方米每秒。

（九）罗汉溪

源于霞浦县柏洋乡土勃头村，流向自西北向东南，其主要支流有桐油溪，在吴坑岩下与主溪汇合后，流经江边、桥头至后港入海。总流域面积 206.4 平方千米，总长 38 千米，河道坡度 14.6‰，多年平均年径流量 2.21 亿立方米，多年平均流量 7.01 立方米每秒。

（十）金溪

源于蕉城、罗源、古田三县交界的顶旗峰，至后溪村汇入后溪主流和罗源县中房镇支流，经东湖塘注入三都澳。流域面积 157.3 平方千米，总长 29 千米，坡度 21.6‰，多年平均年径流量 2.34 亿立方米，多年平均流量 7.42 立方米每秒。

（十一）百步溪

源于福鼎市管阳镇的王府山南麓，流经翁溪、叶举、体洋、白琳汇入沙埕港。流域面积 122 平方千米，总长 26.1 千米，坡度 11.5‰，多年平均年径流量 1.21 亿立方米，多年平均流量 3.84 立方米每秒。

（十二）照澜溪

源于浙江省苍南县的矾山区，流经南宋、蒲坪、枫树坪、照澜，汇入沙埕港。流域面积 101.2 平方千米，主干流长 21.9 千米，多年平均年径流量 1.13 亿立方米。

（十三）其他河流

闽江支流武步溪在宁德古田境内流域面积为 142.8 平方千米，闽江支流谷口溪在古田境内流域面积 101.5 平方千米。此外，还有若干小溪流在沿海县（市、区）独立入海。

第二节　社会经济状况

宁德是个多民族聚居的地方，除汉族外，有畲、回、壮等 28 个少数民族，其中畲族人口占少数民族人口的 92.5%，是全国畲族人口最为集中的地区。闽东素有"天然鱼仓"之称，海域有水产资源 600 多种，其中鱼类 500 多种，虾类、蟹类 60 多种，贝类 70 多种，藻类 10 多种。其中较为珍贵的如官井洋大黄鱼、东吾洋对虾、二都蚶、沙塘剑蛏、沙江牡蛎等闻名海内外。闽东是中国重点产茶区之一，是中国产量最多、品种最全的重要食用菌产地。水果种类繁多，盛产四季柚、油柰、板栗、芙蓉李、水蜜桃和晚熟荔枝、龙眼等。

一、政区与人口

2021 年，宁德市辖蕉城区、福安市、福鼎市、霞浦县、古田县、屏南县、寿宁县、周宁县、柘荣县 9 个县（市、区），有 43 个乡（含 9 个民族乡）、69 个镇、14 个街道办事处、201 个居委会、2135 个村委会。

2021 年，宁德市年末常住人口 315 万人，与上年末持平。其中城镇常住人口 195.93 万人，占总人口比重（常住人口城镇化率）为 62.2%，比上年末提高 1.2 个百分点。全年出生率 9.03‰，死亡率 6.92‰，自然增长率 2.11‰。

2021 年，宁德市年末户籍人口 355.66 万人，比上年减少 0.1%。

户籍人口城镇化率为 38.3%，比上年末提高 0.5 个百分点。

二、经济概况

2021 年，宁德市全年地区生产总值 3151.08 亿元，比上年增长 13.3%。其中，第一产业增加值 359.80 亿元，增长 3.5%；第二产业增加值 1746.16 亿元，增长 19.4%；第三产业增加值 1045.12 亿元，增长 8.1%。第一产业增加值占地区生产总值的比重为 11.4%，第二产业增加值比重为 55.4%，第三产业增加值比重为 33.2%。全年人均 GDP 达 100034 元，比上年增长 12.7%。

（一）农业

2021 年，宁德市农林牧渔业总产值 645.61 亿元，比上年增长 4.2%。其中农业产值 240.25 亿元，增长 3.8%；林业产值 33.29 亿元，增长 2.4%；牧业产值 41.11 亿元，增长 16.2%；渔业产值 318.41 亿元，增长 2.9%；农林牧渔专业及辅助性活动产值 12.54 亿元，增长 6.1%。

（二）工业和建筑业

2021 年，宁德市全部工业增加值 1500.88 亿元，比上年增长 24.9%。规模以上工业增加值增长 32.5%。在规模以上工业中，分经济类型看，国有及国有控股企业增加值增长 34.3%；股份制企业增长 44.0%，外商及港澳台商投资企业增长 12.3%，私营企业增长 42.3%。分轻重看，轻工业增长 60.3%，重工业增长 13.1%，重工业增加值占比 44.3%。分门类看，采矿业下降 9.0%，制造业增长 39.3%，电力、热力、燃气及水的生产和供应业增长 11.3%。工业产品销售率 100%，比上年提高 2.2 个百分点。

（三）服务业

2021 年，宁德市服务业实现增加值 1045.12 亿元，比上年增长 8.1%。其中，批发和零售业增加值 204.30 亿元，增长 11.5%；交通运输、仓储和邮政业增加值 98.06 亿元，增长 24.0%；住宿和餐饮业增加值 35.10 亿元，增长 13.9%；金融业增加值 155.14 亿元，增长 6.9%；房地产业增加值 148.65 亿元，增长 5.6%。

（四）国内贸易

2021 年，宁德市社会消费品零售总额 880.17 亿元，比上年增长 6.6%。限额以上消费市场实现零售额 125.52 亿元，增长 4.3%。限额以下消费市场实现零售额 754.65 亿元，增长 7.0%；占全市社会消费品零售总额的比重为 85.7%。

（五）固定资产投资

2021 年，宁德市固定资产投资（不含农户）比上年增长 6.2%。其中，项目投资增长 4.3%。

在固定资产投资中，第一产业投资比上年下降 35.6%，占固定资产投资的比重为 2.3%；第二产业投资增长 23.2%，占固定资产投资的比重为 44.5%；第三产业投资下降 2.3%，占固定资产投资的比重为 53.2%。制造业投资增长 39.2%，占固定资产投资的比重为 38.1%。基础设施投资下降 26.9%，占固定资产投资的比重为 19.6%。民间固定资产投资增长 17.9%，占固定资产投资的比重为 64.8%。高技术产业投资增长 93.5%，占固定资产投资的比重为 25.9%。

（六）对外经济

2021 年，宁德市进出口总额 905.7 亿元，比上年增长 76.4%。

其中，出口 600.5 亿元，增长 79.0%；进口 305.2 亿元，增长 71.4%。进出口贸易顺差 295.3 亿元。

（七）财政金融

2021 年，宁德市一般公共预算总收入（不含基金收入）265.79 亿元，比上年增长 13.8%，其中，地方一般公共预算收入 158.05 亿元，增长 14.7%。全市一般公共预算支出 344.06 亿元，增长 3.1%。全市税性总收入 224.83 亿元，增长 12.2%，占财政总收入的比重为 84.6%，比上年下降 1.2 个百分点；地方级税性收入 117.08 亿元，增长 12.0%，占地方财政收入的比重为 74.1%，比上年下降 1.8 个百分点。

（八）居民收入消费和社会保障

2021 年，宁德市居民人均可支配收入 31460 元，比上年增长 10.1%。按常住地分，城镇居民人均可支配收入 40615 元，增长 9.4%；农村居民人均可支配收入 21282 元，增长 11.7%。

（九）科学技术和教育

宁德市拥有国家高新技术企业 155 家，新增 60 家，科技"小巨人"企业 52 家。国家重点实验室 1 家、省级重点实验室 10 家、省级工程技术研究中心 45 家、省级新型研发机构 6 家。市级众创空间 28 家，其中省级 15 家、国家备案 1 家。星创天地国家级 2 家，省级 14 家，市级 19 家。全年共实施省、市各级各类科技计划项目 62 项，其中省级 52 项、市级 10 项。

（十）文化旅游、卫生健康和体育

2021 年，宁德市现有中国历史文化名镇 5 个、名村 14 个，省级历史文化名镇 6 个、名村 28 个，中国传统村落 141 个，省级传统村落 134 个。

2021 年，宁德市纳入文物保护名单的不可移动文物 648 处（752 个点），其中全国重点文物保护单位 12 处、省级 86 处、市级 550 处。国家级非物质文化遗产代表性项目 23 个、省级 63 个、市级 187 个。国家级非物质文化遗产代表性传承人 17 人、省级 102 人、市级 341 人。

（十一）资源、环境和应急管理

2021 年，宁德市全年全社会用电量 254.14 亿千瓦时，比上年增长 21.8%。

全年完成植树造林总面积 11.02 万亩，完成中幼林抚育 39.98 万亩，封山育林 12.55 万亩。全市森林覆盖率 69.97%，比上年降低 0.01 个百分点。森林蓄积量 5549.5 万立方米，比上年增加 209.2 万立方米。

宁德市共有县级以上自然保护区 32 个，其中省级以上自然保护区 2 个，自然保护区面积 6.65 万公顷。累计建成省级森林城镇 7 个，比上年增加 1 个，省级森林村庄 157 个，比上年增加 40 个。周宁获评国家生态文明建设示范区，霍童溪入选全国首批"美丽河湖"。

饮用水水源地水质达标率 100%，交溪、霍童溪、古田溪、闽江段、敖江双口渡水质状况良好，功能达标率为 100%。主要水库（古田、洪口、芹山）水质达标率为 100%。

全年中心城区环境空气质量综合指数为 2.64，优良天数（达标天数）比例为 99.2%，细颗粒浓度（PM$_{2.5}$）为 21 微克/米^3。城区环境噪声均值为 53.9 分贝，质量级别为二级。城市道路交通噪声均值为 66.5 分贝，质量级别为 A 级。

全年因气象灾害造成的直接经济损失 1.79 亿元，农作物受灾面积 1994.75 公顷。全年发生森林火灾 3 起，受害面积 1302.45 亩，未发生重特大森林火灾。

全年发生各类安全生产事故 49 起，伤亡 52 人，分别比上年下降 50% 和 5.5%。亿元地区生产总值生产安全事故死亡人数 0.015 人，比上年下降 25%。

第三节　区域人文史

宁德，俗称闽东，先秦时期为闽越族驻地，晋时置县，经历唐、元、清和近现代的多次变革，最终形成现在的城市格局。宁德各地方言绝大部分属于以福州话为代表的闽东方言系统。

一、发展沿革

宁德起源于先秦时期的闽越族驻地，晋代设县以来，历经历朝历代，逐步定型。

（一）明清及以前

先秦时期为百越诸部之闽越族驻地。

晋太康三年（公元 282 年）设温麻县，是区内最早建立的县一级政区，隶属晋安郡（今福州市），后隶属丰州。县治在今霞浦县洪山山麓，辖境包括今宁德地区的大部和政和、连江、罗源等县地。

隋开皇九年（公元 589 年），温麻县被撤销，其地并入原丰县，隶属泉州（今福州）。隋大业三年（公元607年），原丰县改名闽县，隶属建安郡。

唐初改隶建州。唐武德六年（公元623年），析闽县原温麻县地设立长溪县（治所在今霞浦县）和连江县，隶属泉州（今福州）。同年，长溪县并入连江县，隶属闽州。唐长安二年（公元702年）连江县析出原长溪县地，复设长溪县，治所在今霞浦，隶属闽州，后闽州改名福州。

元至元二十三年（公元1286年），长溪县升为福宁州，属福建行中书省福州路，辖本州和福安、宁德2个县。

明洪武二年（公元1369年），福宁州降为福宁县，仍属福建行中书省福州路。明成化九年（公元1473年），福宁县升为福宁州，属福建承宣布政使司，辖福安、宁德2个县。

清雍正十二年（公元1734年），福宁州升为福宁府，隶属福建闽浙总督府，辖福安、宁德、霞浦、寿宁4个县。

（二）近现代

1912年，废府、州厅建置，实行省、道、县3级地方政制，区内古田、屏南、霞浦、福鼎、宁德、福安、寿宁7个县属东路道。

1914年，东路道改称闽海道，区内7个县属闽海道。

1925年，废道，区内7个县属省政府。

1933年，福建划分为4个省2个市，区内7个县同属闽海省。

1934年，福建省政府实行行政督察区制，闽东划为第二行政督察专员公署。

1935年，闽东并入第一行政督察专员公署。

1943年，闽东被划为第八行政督察专员公署。

1947年，闽东又被划为第一行政督察专员公署。其间，闽东所辖境域几经变动。

1949年6月14日，中国人民解放军第二野战军第五兵团解放古田，1949年8月15日，中国人民解放军第三野战军第七兵团解放宁德。1949年9月30日，闽东区成立第三行政督察专员公署，辖福安、宁德、福鼎（11月划入）、霞浦、寿宁、周宁、柘荣7个县，专员公署驻福安，隶属福建省人民政府。1950年，第三行政督察专员公署改称福安专区专员公署。

1955年4月又改称福安专员公署，隶属福建省人民政府。

1956年，隶属福建省人民委员会。

1968年，成立福安专区革命委员会，隶属福建省革命委员会。

1970年，福安专区革命委员会驻地由福安迁往宁德县城关。

1971年6月，福安专区革命委员会改称宁德地区革命委员会。

1978年4月，撤销宁德地区革命委员会，成立宁德地区行政公署。

1979年，隶属福建省人民政府。

1983年后，宁德地区行政公署辖有福安、宁德、福鼎、霞浦、寿宁、周宁、柘荣、古田、屏南9个县（1956—1983年，闽东辖区变动频繁，除原有辖区外，还先后辖有松溪、政和、长乐、连江、罗源等县地）。

1999年11月14日，国务院批准宁德撤地设市，成立宁德市人民政府，2000年11月14日正式挂牌。宁德市人民政府驻新设立的蕉城区，全市辖9个县（市、区）。

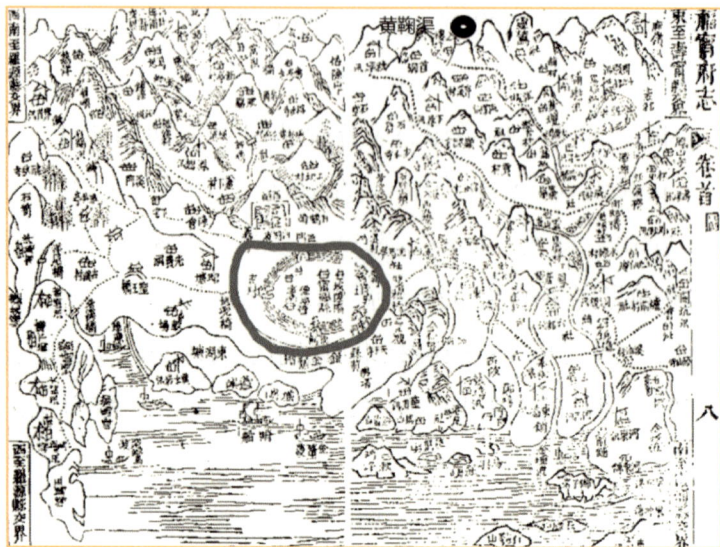

图 1-3 宁德县疆域图（清《福宁府志》）①

二、区域人口迁移史 ②

宁德是福建六大民系发展比较突出的地区之一，与同为闽东地区的福州相比，宁德的人口和经济等发展起步较晚，这与宁德的地理环境关系较为密切。福州平原优势，成为汉民聚居的理想选择，而宁德山高林密，是汉武帝之后，古代闽越土著残余的主要聚居地。出于这个原因，宁德大部分地区在很长一段时间都是土著畲族在繁衍，汉族人对宁德地区的开发相对较少，因此如今的畲族人民大部分也是居住在闽东山区。直到宋代之后，由于沿海地区的发展趋于饱和，才渐渐有汉民在宁德山区开始开发。

从宁德各县的设立时间来看，除了温麻县（三国孙吴造船基

---

① 宁德县位于福宁府西南二百二十里，东距霞浦七十里，西距古田一百二十里，南距罗源十五里，北距政和二百三十五里。东西长二百九十里，南北长二百五十里。地貌以山地为主。

② 林国平，邱季端，张贵明.福建移民史［M］.方志出版社，2005.

地）、古田县（闽江之畔）设县比较早，宁德地区其他县的设立时间较晚。

表 1-2 宁德市各（区）县设立时间

县名	设立时间
温麻县（今霞浦）	晋太康三年（公元 282 年）
古田县	唐开元二十九年（公元 741 年）
宁德县	后唐长兴四年（公元 933 年）
福安县	宋淳祐五年（公元 1245 年）
寿宁县	明景泰六年（公元 1455 年）
屏南县	清雍正十二年（公元 1734 年）
福鼎县	清乾隆四年（公元 1739 年）
周宁县、拓荣县	1945 年

东汉时期，才逐渐有南下汉人迁入福建，真正汉人大举进入福建是在两晋之交，北方汉人大举南下，这就是历史上著名的"衣冠南渡""八姓入闽"，即本属中原大族的林姓、黄姓、陈姓、郑姓、詹姓、邱姓、何姓、胡姓为避祸迁徙福建。从光绪《福安县志》来看，宁德各区县的人口迁居都比较迟，大部分是宋元时期和明清时期迁入的，其中宋元时期迁入人口占到 31%。

表 1-3 清末福安县 35 姓 140 分支迁居史

迁入朝代	尚存分支	占比
宋代之前	18	13%
宋元时期	44	31%
明清时期	31	22%
不详	47	34%

＊来源：光绪《福安县志》

三、方言

福建地区的方言主要有闽语、客家语、赣语、吴语和官话。表1-4是对福建方言的细分。

表 1-4　　　　　　　　　　福建省方言分布情况

类别	方言区（岛）	方言片（代表点）	分布县、市
闽方言	闽东方言（福州）	南片（福州）	福州、闽侯、长乐、福清、平潭、永泰、闽清、连江、罗源、古田、屏南
		北片（福安）	福安、宁德、周宁、寿宁、柘荣、霞浦、福鼎
	莆仙方言（莆田）	北片（莆田）	莆田、涵江
		南片（仙游）	仙游
	闽南方言（厦门）	东片（厦门）	厦门、金门
		北片（泉州）	泉州、晋江、南安、惠安、永春、德化、安溪、同安、大田（西南部）
		南片（漳州）	漳州、龙海、长泰、华安、南靖、平和、漳浦、云霄、东山、诏安
	闽中方言（永安）	南片（永安）	永安、列东、列西
		北片（沙县）	沙县
	闽北方言（建瓯）	东片（建瓯）	建瓯、松溪、政和、南平（大部）顺昌（东南部）
		西片（建阳）	建阳、崇安、浦城（南部）
	闽方言过渡区	南片（大田）	大田（中部）
		中片（广平）	大田（西部）、尤溪（西部）、永安（东部）
		北片（尤溪）	尤溪（大部）
	闽方言与客赣方言过渡区（将乐）	北片（将乐）	将乐、顺昌（西北部）
		南片（明溪）	明溪

类别	方言区（岛）	方言片（代表点）	分布县、市
赣方言	闽赣方言（邵武）	北片（邵武）	邵武、光泽
		西片（建宁）	建宁
		南片（泰宁）	泰宁
客方言	闽客方言（长汀）	北片（宁化）	宁化、清流
		中片（长汀）	长汀、连城
		南片（上杭）	上杭、永定、武平
		东片（九峰）	平和（西沿）、南靖（西沿）、诏安（北角）
吴方言	浙西片边界方言（浦城）		浦城（中北部）
官话方言	南平方言岛		南平（市区及西芹镇）
	琴江方言岛		长乐航城镇琴江村

宁德市汉语方言分布情况比较复杂。根据方言内部的异同，宁德方言属闽语支中以福州话为代表的闽东语方言区。古田、屏南两县属于闽东方言南区；蕉城区和霞浦、周宁、柘荣、寿宁、福鼎、福安7个县（市），属于闽东方言北区。

同时，境内有一些地方形成区外方言岛。蕉城区飞鸾镇的碗窑和礁头村（共3000多人）讲闽南话；霞浦县的三沙镇和水门、牙城两个乡镇的部分村庄，以及下浒、柏洋、长春等乡镇的少数村庄（共7万多人）讲闽南话；福鼎市的沙埕、前岐、店下、白琳、点头、贯岭、俞山、叠石等乡镇的部分村庄（共13万多人）讲闽南话；还有柘荣县的乍洋乡和东源乡的少数村庄（500多人）也讲闽南话。全地区有21万多人讲闽南话。闽南话是宁德境内第三大方言。

还有少数地区形成汀州话（客家语）方言岛和莆仙话方言岛。

古田县风都镇的后溪、珠洋两个村（约 5000 人）讲客家话，霞浦县柏洋乡利埕村福鼎楼自然村（300 多人）讲客家话，柘荣县城郊倒龙山村（100 多人）讲客家话。此外，福安市社口镇首笕村、福鼎市礠溪镇赤溪村和点头镇观洋村以及寿宁县西南部边境个别自然村讲客家话。霞浦县溪南镇岱屿村（100 多人）讲莆仙话，福安市下白石部分村庄（400 多人）讲莆仙话，福鼎市沙坦镇澳腰等村庄（数百人）讲莆仙话。

闽东语南片的福州话在境内少数地方形成方言岛。福鼎市秦屿镇（3.5 万多人）全讲福州话，霞浦县的海岛乡和柏洋乡的北岐村、长春镇的计米村（1.4 万多人）讲福州话。

由于历史原因和地理条件，一些县的边界村庄讲邻县方言。屏南县西北部岭下乡的富竹、上楼、东峰、上梨洋、葛畲等村因与闽北的建瓯市毗邻而讲属于闽北语系统的建瓯话。周宁县的西北部与政和县接壤的泗桥乡的赤岩、洋尾、洋尾弄、吴厝坑、吴厝坪和纯池镇的前溪等村庄讲属于闽北方言系统的政和话。霞浦县的东冲半岛与罗源县的鉴江镇隔海相望，该县北壁乡的东冲、上岐、下岐几个村讲罗源话。

四、自然人文景观

宁德是中国东南沿海休闲度假和生态旅游的胜地，境内共有 1 个世界地质公园、2 个 5A 级景区、3 个国家级风景名胜区和 7 个省级风景名胜区。滨海有嵛山、台山列岛、大京、西洋岛、三都澳等海岸景区；内陆拥有国家级森林公园 2 个，省级森林公园 4 个，国家级湿地公园 1 个，省级自然保护区 2 个，市级自然保护区 9 个。2019 年 11 月 15 日，宁德市被授予"国家森林城市"称号。

第二章 区域水利简史

　　宁德市由于地处东南沿海，受气候影响多发台风、水旱灾害等自然灾害；同时，由于境内多山地，平原较少，耕种条件受限，为了满足农业生产需求，从隋代开始凿渠灌田、围垦造田、建堤防潮、建坝防洪，建设各种类型的水利工程。

第一节 区域灾害简史

　　宁德市依山傍海，境内有丘陵山区、浅海滩涂、山间盆地、海滨平原等多种类型的地形地貌。因特殊的地理环境以及所处经纬度的气候水文条件，宁德地区水旱灾频繁发生，偶有旱涝急转的现象。受地理位置、地形特点和气候、水文特征的影响，水旱灾害在宁德境内每年均有发生，常见的灾害有台风、暴雨、洪水、干旱、风暴潮、滑坡和泥石流等。

一、台风

　　宁德市境内台风灾害发生在夏秋季节，每年登陆或影响市境的台风有 3~5 个，给人民生命财产造成严重的损失。影响或登陆境内的台风，主要有以下 3 条路径：一是在西太平洋生成，向西北偏西或偏北移动，登陆台湾地区后再次登陆福建省，或者绕过台湾地区直接登陆福建省；二是台风在南海生成，向北移动，沿广东、福建沿海一路北上；三是经台湾地区北部海面在福鼎以北登陆。对境内影响和破坏性最严重的是在厦门至福鼎之间正面袭击的台风，其次是在厦门以南至广东珠海口附近登陆的台风，影响最严重的是8—9月登陆的台风。

宁德是福建省易受台风袭击的地域之一，几乎每年都会受到影响，境内台风记载最早始于宋淳熙五年（公元1178年）。

二、暴雨

宁德市属亚热带海洋性气候，雨量充沛，多年平均年降水量1784.4毫米，地区分布不均，呈"山区多，沿海少"的特点。4—10月为汛期，降水量约占全年的80%，其中7—9月为主汛期，降水量约占全年的35%。

汛期降雨主要是由两类天气类型造成的。一是梅雨季降水，系太平洋热带季风与北方冷空气在宁德上空交汇形成的锋面雨，通常从每年的5月5日前后开始，至6月25日左右结束，前后约50天。雨季常是阴雨连绵，降雨面广，历时长，时空分布相对较均匀，降水量约占全年降水量的30%。其暴雨中心通常出现在西北山区，多发生中等或局部洪涝灾害。二是台风季降水，每年的7—9月是台风的活动季节，尤其在8月，常伴有强暴雨，日雨量常高达200~300毫米，甚至500~600毫米，台风季降水量约占全年降水量的35%。台风季暴雨历时较短，强度大，时空分布不均，暴雨中心多发生在沿海地带，常造成重大灾情。

境内暴雨（日雨量50~100毫米）、大暴雨（100~250毫米）、特大暴雨（250毫米以上）以强度大著称。1986年5月1日，周宁县降特大雷暴雨，七步水文站 30 分钟雨量 84 毫米，45 分钟雨量 116 毫米，60 分钟雨量 138 毫米，均创全省纪录；30 分钟雨量 84 毫米、45 分钟雨量 116 毫米接近全国纪录（分别为 93 毫米、120 毫米）。受地形影响，全境形成福鼎磻溪、柘荣双城、蕉城虎贝等多处暴雨中心区，暴雨量级在全省名列前茅。最大暴雨量在空间分布上由沿海向西北山区递减。

三、洪水

宁德市境内河流多属山溪性河流，溪流密布，河床陡峻，源短流急，暴涨陡落；汇流历时短，洪水过程多呈尖瘦型，极易成灾。洪水来自暴雨，暴雨多因台风，这是宁德市洪汛的特点。境内发生大洪水大多因台风暴雨造成，2006 年 8 月 11 日，受 8 号超强台风"桑美"的影响，福安市赛江流域出现罕见骤发洪水，上白石站最大 10 分钟水位上涨 2.81 米，最大 1 小时水位上涨达 7.51 米，其涨速为全省纪录之冠，国内罕见。洪水另一成因是连续暴雨，2006 年 6 月霍童溪流域发生连续暴雨，6 月 6 日蕉城区洋中坂站发生超过警戒线 3.86 米的洪峰水位，为新中国成立以来该站最高水位。

从宋朝绍兴十六年（公元 1146 年）至清朝同治元年（公元 1862 年）的 700 多年中，交溪的洪灾竟达 27 次之多。尤以迄今 800 多年前的宋朝绍兴十六年间的洪灾最为惨重，有着"大雨连旬，东、西二溪水溢，龟湖山仅露山顶"的记载，可见当时福安城关为一片汪洋，损失极其惨重。在历史洪水记录中，以 1922 年 9 月 29 日发生的洪水最大，赛江流域福安白塔站的洪峰水位超过警戒水位 11.68 米，比 1965 年 8 月 20 日实测的最高洪水位高出 2.80 米；

霍童溪流域洋中坂站的洪峰水位超过警戒水位 4.54 米，比 2006 年 6 月 6 日实测的最高洪水位高出 0.68 米。

中华人民共和国成立后，宁德市境内发生洪涝灾害成灾年主要有 1952 年、1960 年、1965 年、1966 年、1969 年、1985 年、1987 年、1990 年、1995 年、1996 年、1997 年、2002 年、2004 年、2006 年、2007 年和 2008 年等，洪水给人民生命财产造成重大损失。1952—2008 年，登陆或影响市境的台风（含热带风暴）39 次。

四、干旱

宁德市境内干旱主要有春旱、夏旱和秋旱三种，春旱一般发生在 2 月下旬到 3 月下旬。夏旱一般每年 6 月下旬雨季结束后，特别是沿海县（市）往往有 10~15 天或 25~30 天出现，由于气温高，蒸发大，对农业生产影响最大，甚至影响到居民饮水问题。而当台风影响结束后进入秋高气爽天气，如持续时间长，则出现秋旱。全市多年平均干旱指数在 0.5~1.0 之间，由西北山区向东南沿海递增，沿海地带易受旱。

从宋至 2008 年的 1048 年间，宁德市境内发生干旱的次数为 43 次。1949 年后境内干旱成灾年主要有 1953 年、1963 年、1977 年、1983 年、1986 年、1991 年、1993 年、1995 年和 2003 年等年份。受气候变化的影响，近年来干旱灾害频次增加，范围扩大，持续时间更长，且灾害损失加重，社会经济发展需水量增长与水源工程不足之间的矛盾愈加突显。冬季降水量少，历史上并不多见的冬旱，近年来已严重影响了工业生产和居民生活，如 2007 年、2008 年寿宁县城区、宁德市主城区连续出现冬季供水不足的现象。

五、风暴潮

宁德市境内沿海潮汐类型属正规半日潮，在一个太阴日（24小时50分钟）内各有两次高潮和低潮，每一个潮周期历时约12小时25分，潮差可达5~8米，最大潮差9.1米。潮汐的月变化较明显，每月朔、望后1~2天为大潮期；上、下弦后1~2天为小潮期。年最高天文潮位出现在农历八月大潮期间，俗称"八月大潮"。

规律性的天文潮汛，一般不会产生破坏性的严重潮灾。如果遇到大风、气压（特别是台风）等气象因素变化或海上发生地震而引发的非周期性海潮，会引起大增水，产生风暴潮甚至发生海啸，则必造成严重潮灾。1966年9月3日第14号台风在罗源登陆，霞浦福宁湾出现海啸，造成人民生命财产严重损失。

闽东海域频受台风影响，是福建省主要的海浪灾害区之一，台风引发的灾害性海浪能量巨大，在海上造成船只颠覆沉没，而在近岸与风暴潮叠加作用，对海边建筑、堤防和海上工程有很强的破坏力，形成风暴潮淹没和漫滩，危害极大。而台风前的长波涌浪，人们常忽视其潜在危害。台风前的长波涌浪往往使得台风未至，灾害先行。2004年6月29日夜里，第7号台风"蒲公英"登陆前，霞浦三沙镇5名学生到五澳防波堤纳凉观浪，被强大的涌浪卷入海中，全部遇难。

六、滑坡和泥石流

宁德市境内山高谷深、溪流密布，在降水、洪涝等气象因素的影响下，以及人们对地表植被的破坏，滑坡和泥石流等突发性地质灾害常有发生，给人民生命财产带来巨大损失，尤以泥石流危害为大。1987 年 9 月 10 日，在第 12 号强台风和冷空气共同影响下，宁德市县级九都乡九仙畲族自然村发生泥石流灾害，造成 30 人死亡，9 人受伤。1990 年 9 月 4 日，福鼎市沙埕镇大白露村发生泥石流，造成 11 人死亡。1994 年 6 月 20 日凌晨 2 时，古田县黄田镇江滨居委会发生特大山体滑坡、泥石流，造成 19 栋 356 间房屋全部倒塌，173 栋 1651 间房屋局部受损，死亡 28 人，9 人重伤。

七、灾情大事记

宁德属于灾情较为频发的地区，主要的灾害类型为台风、暴雨、洪水、干旱、风暴潮、滑坡、泥石流等。宋代以前记录较少。

（一）宋

绍兴二年（公元1132年）

四月至五月，古田霖雨，大水坏官民庐舍。

绍兴十四年（公元1144年）

五月，宁德淫雨，长溪水涨，漂流官民庐舍，人畜多溺者。福鼎大水，淹田园，浸庐舍。

绍兴十六年（公元1146年）

九月，福安大雨连旬，东、西二溪水溢，龟湖山仅露山顶，容数百人，大蛇突出，人皆惊，溺水浮尸聚栖云寺前，流骸冢埋。宁德大雨，庐舍漂流，人畜多溺死。

乾道元年（公元1165年）

四月至六月，霞浦、宁德连月不雨，田禾皆槁。福鼎大旱九十天。

淳熙五年（公元1178年）

八月，古田大水漂民庐，毁县治、桥梁。

淳熙十年（公元1183年）

八月己未，霞浦雨，至九月乙丑，大风雨暴至，濒海舟、庐漂没无数。九月乙丑，长溪、宁德大风雨暴至，濒海庐舍多被漂没，死者甚众。

绍熙二年（公元1191年）

四至五月，古田霖雨成灾，水漂民居一千三百余家。

九月，霞浦大风雨，濒海地区庐舍、船舶漂没无数。

嘉泰二年（公元1202年）

古田大风雨，漂流庐舍无数，溺死数百人。

嘉定十四年（公元1221年）

古田旱情重，人食草根。

嘉定十七年（公元1224年）

五月，古田大水，水口镇民庐皆尽。

咸淳十一年（公元1275年）

春，福鼎大水，淹田坏禾，漂民舍。

（二）元

至正四年（公元1344年）

三月不雨至八月，福宁大饥。

至正十四年（公元1354年）

六月，福安大饥，死者以泽量尸。霞浦大旱，种不入土，大饥，民无食。

（三）明

洪武十九年（公元1386年）

六月，福鼎、福安、霞浦大水，淹没田园大半，福安灾后有十数里范围田园荒芜。

永乐四年（公元1406年）

七月，霞浦水坏城垣、民庐，溺人畜甚众。

永乐十四年（公元1416年）

七月，福安溪水暴涨，坏城垣、房舍，溺人畜甚多。

永乐十七年（公元1419年）

柘荣三月不雨至五月，苗种不入。

永乐十九年（公元1421年）

福安大水，人畜淹没，大半田园丘墟。

景泰五年（公元1454年）

七月十四日夜，宁德、霞浦飓风拔木害禾稼，海航多覆溺。

景泰六年（公元1455年）

五月十四日，宁德洪水暴涨，害稼，是年饥荒。

成化五年（公元1469年）

六月十九日，霞浦大风挟潮，淹没田庐。

七月十四日，福安暴风骤雨，东、西二溪大水，疾风猛雨从之，大浸，漂没田屋甚众，水势较洪武十九年（公元1386年）高五尺。

九月十九日，霞浦大风挟海潮，淹没田园庐舍甚多。福鼎大风，海潮淹没舟庐。

成化九年（公元1473年）

六月十九日，霞浦大风挟潮，淹没田庐。

成化十八年（公元1482年）

七月十九日夜，霞浦、宁德暴雨，各乡山崩，是岁饥。宁德山崩毁屋，伤亡人畜甚众，水涨十余日，田禾皆毁，至成化二十三年（公元1487年）连饥，民取芭蕉与蕨根为食。

成化十九年（公元 1483 年）

一月十九日，福鼎海啸。

六月十九日，福鼎、霞浦、宁德海啸，塘田均陷没，后虽复修，然田涂泻卤，数年不收。

成化二十一年（公元 1485 年）

三月至闰四月，霞浦、古田、福安连续下雨，山洪暴涨，漂荡房屋，冲没农田，沿溪村落受灾更甚，损失惨重。古田灾后，继有瘟疫流行。夏，福鼎大水，福宁府一带饥荒。

成化二十二年（公元 1486 年）

三月十六日，宁德淫雨，溪涧大涨，泻如建瓴，田园多陷。

寿宁春旱，五月以后又旱。宁德旱情严重，第二年又旱，第三年再旱，草木槁，米价腾贵。古田旱，大疫。霞浦大旱又地震。

八月，柘荣大旱至次年。

成化二十三年（公元 1487 年）

宁德连旱，田禾俱枯。

弘治六年（公元 1493 年）

六月初八夜，宁德大雨，冰雹大如卵，屋瓦皆碎，人畜死无数。

七月，宁德淫雨，北洋山遭大风雷电，溪水涨高二丈许，人畜死者无数。

弘治十年（公元 1497 年）

七月，宁德淫雨至十五日夜，西乡北洋山，大风雷电，山溪水涨二丈余，漂荡田屋、桥梁，人畜被淹。陈洋坂生员刘庆，合家二十余口皆溺，唯一小童在别乡未回，获免。古田大水又瘟疫，死者甚众。

弘治十一年（公元 1498 年）

九月八日，宁德降大霜，稻禾枯萎，西乡绝收，余皆得半。

正德三年（公元 1508 年）

五至七月，宁德、霞浦、寿宁、柘荣四县不雨，田禾皆枯槁；寿宁夏亦饥荒，饥民掘蕨根充饥。

正德四年（公元 1509 年）

八月二十日，宁德飓风大作为灾。

正德五年（公元 1510 年）

十二月十八日，宁德大雪连日，平地深尺余，经半月未消。

同月二十八日，宁德、霞浦大雪，平地积雪深尺余，为南方所罕见。

正德九年（公元 1514 年）

八月十二日夜，宁德飓风拔木毁屋。

正德十二年（公元 1517 年）

八月十二日夜，宁德飓风拔倒树木，吹走屋瓦。

正德十三年（公元 1518 年）

六月，福安淫雨弥旬，水浸县治，八月潮水涌入州城，潮水冲毁海田。

嘉靖五年（公元 1526 年）

柘荣四月旱至九月方雨。五至七月，宁德不雨，地如龟坼。霞浦、福鼎、福安、寿宁旱，福鼎大旱一百六十六天，次年大饥荒。

嘉靖六年（公元 1527 年）

五至七月，宁德、霞浦、福安大旱，禾枯。

嘉靖九年（公元 1530 年）

八月十九日夜，霞浦、宁德飓风拔木，风毁禾稼。

嘉靖十二年（公元 1533 年）

八月十二日夜，福安、霞浦、宁德大风拔木、扬沙飘瓦。宁德二十二都（现周宁）遭雷击，郑姓村首大松树，大致十围，高二十余丈，被雷劈开，自根至末中间相去五寸，宛如锯掰，旁枝无一损者。

嘉靖十六年（公元 1537 年）

三至六月，霞浦、柘荣遇旱，福鼎大旱一百二十天。

嘉靖十七年（公元 1538 年）

正月不雨至四月九日始雨，霞浦、柘荣旱，种不入土。

嘉靖二十年（公元 1541 年）

三月至六月，福安、霞浦、柘荣遇旱，饥荒。

七月十六日，福鼎海潮猛涨三丈，破城垣，淹庐舍。

嘉靖二十一年（公元 1542 年）

七月，福鼎海潮猛涨三丈，坏城垣，淹庐舍。

嘉靖二十二年（公元 1543 年）

七月十六日，福安、霞浦、寿宁大雨，顷刻水涨三丈许，破城垣、淹庐舍、田园，毁桥梁。

嘉靖二十八年（公元 1549 年）

六月二十八日，古田大水，漂官民庐舍，溪口书院被毁。

八月初，寿宁飓风，秋收受损。

嘉靖三十七年（公元 1558 年）

八月初七起，寿宁连续四昼夜刮大风，下暴雨，山洪暴发，多处山崩，压死数百人，毁田甚众。

嘉靖三十八年（公元 1559 年）

福安遇大旱，造成大荒、大疫，死者两千余人。

隆庆元年（公元 1567 年）

七月，宁德、霞浦大风，拔木毁屋，屋瓦尽飞。宁德二都苏家石臼刮离丈余。

隆庆五年（公元 1571 年）

寿宁，大水入城内，居民受害。

万历九年（公元 1581 年）

七月初九夜，福安大水高过屋檐，县城仅存东西二隅，淹死两千余人，道路沟渠尸体枕藉。

是年，周宁玛坑孝俤村洪水浸湿山体发生泥石流，全村除一人在外地幸存外，所有房屋人畜俱被掩埋。

万历十七年（公元 1589 年）

七月十四日，福宁州地震，并发水灾，毁学堂及民舍数千座。

万历二十一年（公元 1593 年）

九月，霞浦、柘荣霜旱。

万历二十二年（公元 1594 年）

七月，福鼎、霞浦、柘荣大旱。

万历三十五年（公元 1607 年）

七月十五日，宁德飓风大作，林木皆折，渔船覆溺。

万历三十六年（公元 1608 年）

七月十五日，霞浦飓风大作，初自东北起，旋转而西，震海撼山，伐树拔屋，自晨至午，大雨滂沱。诸海渔官民舟数千，顷刻颠倒荡尽为虀粉，溺死无数，四山木竹摧仆以万千计。

同月，宁德飓风大作，林木尽折，海洋人船覆溺。

万历三十七年（公元 1609 年）

八月初七，福安、寿宁大风雷雨四昼夜，福安水骤涨丈余，山体崩塌，压死伤甚多；寿宁压死数百人。柘荣风雨交作，楼吹倒。

八月三十日，霞浦大水，城墙未被淹没的仅二十四尺，村落遭山崩，人压死甚多，相传为霞浦最大的一次水灾。

万历四十一年（公元 1613 年）

六月，霞浦、柘荣不雨，至九月重阳始雨，洋田均绝收，山田均仅收三分之一。

万历四十二年（公元 1614 年）

福宁州、县受旱、饥荒。

崇祯十三年（公元 1640 年）

七月，福安大水，漂溺庐舍、人畜无数。福鼎大风，拔木毁屋。

是年，周宁咸村徐坑村发生泥石流，掩埋房屋八座，死亡七十一人。

（四）清

顺治三年（公元 1646 年）

霞浦、福鼎夏大旱，田裂、稻枯，翌年饥荒。

顺治十七年（公元 1660 年）

七月十三日，福安骤雨水涨丈余，十四日夜，大留东山传厝洪发，下二十九都一带摧陷塘塍（三十都为现今赛岐）。

顺治十八年（公元 1661 年）

遵朝廷旨在沿海各县濒海地带强迫大规模"迁界"（防郑成功反攻，施行海禁，迁移濒海居民于内地），界外水利工程如堤防等，无人管修，相继崩塌，海水冲淹田园。

康熙元年（公元 1662 年）

七月，福鼎大水，沿城北数里外大桥墩崩。

康熙三年（公元 1664 年）

九月，寿宁大风异常，谷粒尽损。

康熙四年（公元 1665 年）

寿宁遭风灾，民饥，告赈于邻县。

康熙六年（公元 1667 年）

八月十六日，霞浦、柘荣双城大水。

康熙十四年（公元 1675 年）

八月十四日，福鼎、福安大水。福鼎淹死五百余人。

康熙十九年（公元 1680 年）

六至九月，寿宁遇旱，是年冬歉收。

康熙二十四年（公元 1685 年）

是年，霞浦、寿宁、柘荣春大旱，苗种不入，是年不稔。

康熙二十五年（公元 1686 年）

宁德洪水涨溢，东西城外民居舟船漂入海，死者甚众。

康熙二十六年（公元 1687 年）

夏，福鼎大水，淹没民舍。

康熙二十八年（公元 1689 年）

八月十七日，福安洪水暴发，浸没城东、西、南三处，庐舍漂没，死者甚众。

康熙三十五年（公元 1696 年）

宁德洪水溢，东南城外房屋及船只悉漂入海，居民半数遭淹。

康熙三十八年（公元 1699 年）

八月十七日，福安洪水猛涨，浸没县城东、西、南三向。福鼎桐山溪水大发。

康熙四十五年（公元 1706 年）

五月，宁德大旱，早稻无收。五至八月，福鼎大旱一百一十八天。

康熙五十一年（公元 1712 年）

八月，福鼎大雨，山水陡涨，冲毁溪岗坝，水淹田园甚众，死者相枕藉。

康熙五十六年（公元 1717 年）

福安知县严德冰，重建西郊水坝。

雍正四年（公元 1726 年）

七月，福安大水，三十都以上山崩，压屋伤人。

八月，宁德大风雨，溪流暴涨，邹公、赵公二桥倾塌，东、西二溪淹没民田四百余顷。漂没房屋甚多，是岁饥。柘荣雹如弹。

雍正十一年（公元 1733 年）

七月，福安、宁德飓风大作，风毁县衙堂及民房数百间。

乾隆二年（公元 1737 年）

八月十五日，福鼎海潮大作，鱼虾游于秦屿道上，吴家溪山崩，压死七十三人。同日夜，宁德大风雨，海潮涨溢，是岁歉收。

乾隆四年（公元 1739 年）

屏南春、秋旱，禾苗枯，是年饥荒。

乾隆十二年（公元 1747 年）

六月，古田山洪暴发，田禾漂没，圮紫桥。

乾隆十四年（公元 1749 年）

七月十四日夜，寿宁暴雨成灾，洪水冲毁子桥等十余座，斜滩沿河房舍漂没无数。

八月初九日，福安大水，淹至衙前街。

乾隆十五年（公元 1750 年）

七月八日，霞浦、柘荣大风雨，水涌漂浸民舍。

七月，宁德、福安、古田俱发大水，宁德淹死多人。

八月初九夜，霞浦、福鼎、宁德大风夜雨大作，霞浦水高离城仅三尺，毁店屋，淹死数人。宁德水毁东门城楼，漂没庐舍，江边溺死甚多。古田四十六都（今大桥）山洪暴发，平地水深七八尺。

乾隆十六年（公元 1751 年）

七月间，寿宁阴雨不休，至十四日风雨大作。斜滩洪水横流，淹没房屋百余座，淹死居民百余口。

七月十四日，福安东、西二溪水涨数丈，冲漂房屋，淹死人畜甚多，南岸一村全没，阳头房屋流入海中近五分之三。霞浦大风雨，山崩水涌，漂压居民甚众。

八月初八日，宁德、霞浦大风。宁德县治右边大榕树吹倒，压坏吏舍。风吹旧藏卷宗出城外沟渠中，十无一二存者。

乾隆十七年（公元 1752 年）

七月，宁德七都麻垅雷电，击死耕牛三十六头。八日，柘荣山地涌漂压居民无数。

闰七月十九日，福安、霞浦飓风大作。

乾隆二十年（公元 1755 年）

八月，大水冲决宁德东湖围筑工程。

乾隆二十四年（公元 1759 年）

秋，福鼎大水，洪水冲溃护城坝，县令吴寿平、胡建伟先后倡捐重修，并加长一百十丈，高厚如旧。

乾隆二十八年（公元 1763 年）

是年，福鼎大风雨雹，海潮泛滥，屋瓦皆飞，护城坝被冲崩多处。知县赵由俶倡捐率士民重修，并浚旧溪。

乾隆三十五年（公元 1770 年）

夏，宁德旱六十余日，禾苗枯死。

乾隆三十八年（公元 1773 年）

六月初八、初九两日，福鼎飓风暴雨，溪水猛涨，海潮顶托，护城坝多坍倾。

六月二十九日，福安大风雨，洪水汹涌，淹东门城垣，倒塌。宁德风拔榕树，吏舍被压，旧存案卷多失。

乾隆四十七年（公元 1782 年）

七月，福鼎大水，东门城垣仅剩三板（筑城用的夹板）未淹没，护城坝崩数十丈，漂没田庐，人畜死众多。

七月十五日，福安大水淹城内。八月初三又大风雨，是夜，水又入东南城隅。

乾隆四十九年（公元 1784 年）

夏，屏南大水，淹没田庐，是年饥荒。

乾隆五十三年（公元 1788 年）

夏，福鼎大旱，九十天无雨。

嘉庆元年（公元 1796 年）

正月初九，福鼎大水，淹田浸舍。

嘉庆五年（公元 1800 年）

六月，古田发大水，淹毁城垣；七月，又发大水。

嘉庆十三年（公元 1808 年）

二月二十七日，古田大雨雹，屋瓦农作物遭大损失。屏南大水，坏桥梁禾稼。

嘉庆十四年（公元 1809 年）

七月十九日夜，福安大水入东南城隅。

秋，屏南大水，坏桥梁，伤禾稼。

嘉庆十五年（公元 1810 年）

是年，古田三都、松封一带大旱，田禾绝收。

嘉庆十七年（公元 1812 年）

六月，福安东、西二溪水溢入城，大水淹东、西、南三向，一昼夜始退。

嘉庆二十五年（公元 1820 年）

五月至七月十七日，福安不雨，是岁饥荒。

八月，福安大风伤稼，是岁饥荒。

道光十一年（公元 1831 年）

五至九月，福鼎不雨，大旱一百五十天，翌年饥荒。

道光十三年（公元 1833 年）

二月十七日夜，古田大雨雹，屋瓦农作物遭大损失。

道光十四年（公元 1834 年）

六月，福鼎大水，淹田园，漂民舍。

九月，屏南谢敖坑村，雨雹损失民居庐舍，岁又饥。

道光十五年（公元 1835 年）

四至八月，福安不雨，夏大旱，冬大饥，乡民多饿死。福鼎亦大旱，民众采野菜树皮充饥。

道光十六年（公元 1836 年）

是年，古田遇旱，县内三都、松封一带稻谷绝收。

道光十九年（公元 1839 年）

六月，福安大水入城。

道光二十八年（公元 1848 年）

七月，福安大水入城至龟湖岭尾东南门，民居淹没。

咸丰三年（公元 1853 年）

六月，霞浦、福安、福鼎、寿宁、屏南均遭大水，为数百年所未见之巨灾。十八日，霞浦洪水经旬不休，水涌山崩，漂没田屋，樟桥、横江村受灾严重，压死多人，饿殍遍野。十八日至二十二日，福鼎桐山城内水溢屋檐，唯西门高姓旗杆里厝成为避难之所，溺死无数。县治城圮坝崩，郊乡山崩地裂，压死人，淹田园，漂民舍，惨景百年少见。

六月十九日，寿宁暴雨成灾，犀溪河床改道，斜滩洪水泛滥，淹田禾，死者数百人。

七月，福安东、西二溪水溢入城，西溪水骤涌，垣洋村山裂，桥圮，漂没居民。宁德大水，城外民房倒塌，田庐尽没。

中秋日，宁德赤溪村发大水，安乐洋原是西流变为东流，淹没田园庐舍。

咸丰四年（公元 1854 年）

五六月间，福鼎大旱，岁饥，路饿殍；继而瘟疫流行，十不救一，街市棺木售空。

咸丰五年（公元 1855 年）

八月十一日晨，福安飓风大作，城内民舍多被毁，风漂天马山、列山由亭，仅余瓦砾。

咸丰七年（公元 1857 年）

七月十六日，福鼎海潮溢田浸舍。

同治元年（公元 1862 年）

七月初二夜，福安大水，东城坍坏，漂没田屋，淹死人。

同治五年（公元 1866 年）

六月，福鼎大旱。古田洪水，坭居民庐舍。

八月，福鼎海潮忽大潮，浪高数丈，漂溺甚众。

同治十一年（公元 1872 年）

七月，福鼎大旱，溪涧尽涸，石澜池中突然爆燃烈火，历时四个时辰。

同治十二年（公元 1873 年）

八月十三日，周宁大雨，满城水涨至水晶阁。

同治十三年（公元 1874 年）

八月，宁德北关外发大水，霍童一带二十余村民房被淹，近溪人畜死伤尤惨。

光绪元年（公元 1875 年）

六月，柘荣大风雨，压房屋无数。

光绪二年（公元 1876 年）

五月初，古田水口遇涝，庐舍倾倒，人畜多溺死。

光绪三年（公元 1877 年）

五月，古田黄田、水口俱大水。

光绪十六年（公元 1890 年）

五月二十八日，福鼎飓风大作，庐舍摧毁甚多；六月初一日，风又突起，海船回避不及多被掀翻，死者达千人。

光绪二十四年（公元 1898 年）

八月十五至十六日，福鼎飓风暴雨，田野水高丈余，田庐人畜淹死甚众。十五日，霞浦飓风狂雨昼夜不息，海水陡涨，滨海之村受灾甚烈。

光绪二十六年（公元 1900 年）

六月，古田发大水，水东乡一带桥梁尽毁，黄田、水口一带淹没甚多。

光绪二十七年（公元 1901 年）

六月十八日，霞浦飓风异常，海潮陡涨数丈，毁塘屋甚众。

光绪二十九年（公元 1903 年）

六月十七日，古田县城大水，傍城郑家礁村漂焉，死者十四人。

光绪三十年（公元 1904 年）

六月十九日，古田县城大水，紫桥圮，城内水深数尺，沿溪居民住屋皆倒塌。

七月三日，福鼎沙埕出现 11.19 米的高潮位（调查值换算为假定基石），超危险水位 0.69 米。

光绪三十二年（公元 1906 年）

夏，福鼎大旱。

七月，福安沿海台风大作，海潮汹涌，民舍崩塌，田禾淹没，沿海船户遭覆，溺死甚众。

古田大水，冲毁县城民舍，文治门倒塌。

八月十五日，福鼎大风拔木毁屋，历时两小时。

宣统元年（公元 1909 年）

七月初二夜，福鼎海潮大作，浪高丈许，毁堤防，淹田园。

八月初二，飓风大作，福安等县倒房，坏桥，坍塌堤岸，溺死人，沉坏船只，淹没田园，衙署、公所、营房、城墙倒塌甚多。

（五）近现代

1912 年

夏，周宁暴风雨，西坑赖（现浦源西坑村）七岽山居周姓家，山崩屋倒，淹压居民 7 人。

1916 年

2 月，古田西南乡汤湖、白石一带雨雹大如斗。

1917 年

8 月 29 日，福鼎飓风暴雨大水，淹田淹舍。

1918 年

8 月 25 日，宁德三都各岛飓风拔木，暴雨挟潮，冲崩堤岸 300 余丈，坍塌民房百余间，海边翻船 10 余艘，浮尸 10 余具，龙歇塘决成淤地。风狂潮大，为开埠以来所未曾见。

1919 年

是年，宁德海啸成灾，东湖塘堤崩塌。

1920 年

9 月 4 日，福鼎大风雨，山石崩坠，庐舍人畜多漂没，点头一乡尤甚。

1921 年

7 月，福鼎大旱，民众以树皮草根充饥。因缺粮逃荒在外者数以万计，其惨状为历史少见。

1922 年

9 月 29 日，福安、柘荣发生特大洪水，交溪白塔水文站发生超警戒线 11.68 米的洪峰水位（调查的洪水）。上白石、潭头、城关等地房屋倒塌不计其数，仅城关就淹溺死 170 多人，全县死者千余人，受灾区占全县面积三分之二以上。

寿宁暴雨连续四昼夜，山崩水涨，破坏田园，损失严重。

福鼎大水，护城坝崩桥毁，乡村民舍多被淹。

1923 年

10 月 8—9 日，福鼎海潮暴涨，淹没田庐。大岳溪水淹田园。

1925 年

8 月 28 日，福鼎大水，桥梁冲毁颇多。

1928 年

9 月 10 日，古田小东乡（现东溪中游一带）大雨，溪流暴涨，冲漂民舍。

1930 年

8 月 20—22 日，霞浦受强台风袭击，海滨村落损失大，竹江村海塘毁荡尤甚，后渔马祖庙毁塌成平地。

1931 年

6 月 27 日，古田大水，漂荡房屋、农作物甚多。

1935 年

是年，霞浦水灾，民舍漂没，早稻淹损 20 余万元。

是年，宁德大旱，瘟疫流行，死亡相继。

1938 年

7 月，寿宁洪水成灾，冲毁大溪头、花岭两座大桥。斜滩沿溪商店民房尽淹于水。

1939 年

夏秋之交，宁德飓风连日大作，致官镇淹塘堤冲塌数十处，潮水冲入塘内，晚稻浸成枯槁，颗粒无收。

1940 年

入夏以来，寿宁洪水为虐，气候骤冷，淫雨连绵。7 月蝗虫为害，8月台风猛雨连续三昼夜，近溪沿岸尽成泽国，翌年大饥荒。

6月11日，强降雨造成周宁狮城镇前坪村山体滑坡，民房被摧毁5座，倒塌2座，死48人。

8月31日下午6时至9月2日上午5时，福鼎连降大雨，洪水成灾。冲田园，毁堤坝桥梁，漂民舍，农作物歉收，损失巨大。

1942 年

4月25日，福鼎大水，冲决溪岗坝数十丈，洪水入城，淹冲田园、庐舍不计其数。

1943 年

2—5月，福鼎95天不雨，旱情严重。

是年，宁德遇风灾，民家损失甚重。上西乡留田保收成将至，禾稻被摧折。

1944 年

夏，寿宁洪水，冲走斜滩街店宇72间、桥1座。

12月23日至翌年元月13日，寿宁连续下雪19天，林竹、农作物受灾。

1946 年

秋间，宁德、霞浦等县大风海啸为灾，海堤冲毁。

1948 年

6月13—17日，普降大雨暴雨，寿宁县城街道水深1米，大小溪流泛溢成灾，死8人，伤192人。

7月6日，宁德飓风，西陂塘北决口、石堤冲崩。

1952 年

7月18日起，古田连降暴雨，20日晨6时，山洪暴发，全城被淹没，深处达4.7米，次日下午4时水始退，受灾1.37万户，死 13 人，伤 82 人。

7 月 19 日，受台风影响，各地普降暴雨，一天降雨量最多达 180.6 毫米，全区 7 个县 41 个区 323 个乡受灾，死 9 人，伤 10 人，冲毁房屋 357 座、间。冲毁大小水利 2596 处，其中江堤 187 处，渠坝 2229 处。

1953 年

6 月 17 日至 8 月 16 日，全区 33 个区（镇）受旱，占区（镇）总数的 61.55%。水稻受旱面积 32.89 万亩。旱情严重的地方水井、水坝枯竭，溪塘龟裂，池塘死鱼等现象发生。

7 月 5 日，福鼎台风刮毁民房 92 间，船只 32 条。

1954 年

5 月 14 日，福鼎沿海大风暴雨，渔船冲坏 15 只，漂走 16 只，死 18 人。

9 月 16 日，遭遇台风洪水，福鼎受灾惨重，死 17 人，伤 95 人。

1956 年

6 月 15 日至 8 月 30 日，福鼎连旱 75 天。

9 月 16 日，台风洪水，福鼎受灾损失严重，死 17 人，伤 95 人。

同月 30 日，受第 22 号台风影响，柘荣城关 20 小时降雨量 523 毫米，致山洪暴发。

1957 年

9 月 7 日，沿海风暴，福鼎沙埕移民房屋倒塌 22 间，漂走船只 55 条。

9 月 15 日，沿海县遭受暴风雨突然袭击。全区渔民死亡 20 人，受伤 11 人，下落不明 57 人。

1958 年

9 月 4 日 12—13 时，第 22 号台风在福鼎县登陆，全区普遭暴雨袭击，霞浦城关达 399 毫米，柏洋乡不到 1 天暴雨量多达 520 毫米。沿海风力达 11~12 级，福鼎沙埕、黄岐所有房屋瓦片全部吹光，霞浦全城房屋被风吹塌，无一完整。沿海平原地带一片汪洋，交通、电讯瘫痪，死亡 38 人，伤近千人，其中福鼎死 32 人，重伤 260 人。霞浦财贸系统职工蔡渭川等 8 人抢险抗洪英勇牺牲。

1959 年

3 月 25 日，福安、霞浦、宁德 3 个县遭受暴风雨和冰雹袭击，沉渔船 62 条，死亡 14 人，伤 7 人。

8 月 29 日，遇台风洪水，福鼎房屋倒塌 238 间，渔船漂走 16 只，死 3 人，伤 11 人。

1960 年

6 月 10 日，全区连降特大暴雨，历时 60 小时，暴雨引发大洪水，农作物受淹 73 万多亩，冲毁渠坝 9902 处，海堤决口 109 处，冲坏防洪堤 186 条（处），冲坏桥梁 243 座，涵洞 89 处，倒塌房屋 1159 座，死亡 36 人。

7 月 31 日，第 6 号台风在宁德三都澳附近登陆，7 月 31 日至 8 月 2 日，全区普降暴雨，山洪暴发，水位猛涨。水淹霞浦、福鼎城关、店下、秦屿、峡门 5 个公社，造成交通、电讯中断。冲坏水库 7 座，山塘 44 座，大小水利设施 6528 处，海堤决口 128 处，公路塌方 189 处，冲坏桥梁 48 座。福鼎死 6 人，伤 100 多人，受灾 1 万多户。

1961 年

5 月 31 日，古田连续 3 天降大雨，日均雨量 79 毫米，闽江水位暴涨，谷口公社沿江大队受灾严重，伤 8 人，死 6 人。

6 月 9 日至 9 月 23 日，福鼎大旱 83 天。

1962 年

9 月 6 日，第 14 号台风于 3 时在闽江口登陆。沿海风力 12 级，内陆 8~10 级。全区出现大到特大暴雨，柘荣县降雨量达 443 毫米，福鼎县西阳村达 377 毫米。山洪暴发，交溪白塔水文站出现洪峰水位 33.05 米，超警戒线 7.05 米，是 1922 年以来最大的一次洪水，水淹福安、霞浦、福鼎、柘荣县城，死 18 人，伤 13 人。

1963 年

区内发生了历史上罕见的春、夏旱，这次旱灾发生早、时间长、范围广、旱情重，从 1962 年 10 月始至翌年 6 月中旬止，历时 7 个多月。全区 470 个公社 90% 以上都不同程度受旱，全区水田受旱 73.7 万亩，占水田总面积 53%。山区泉水枯竭，沿海水井干涸，霞浦县 14 条中等溪河连石头都晒得发白，该县 13 个水库有 9 个干涸。

1965 年

8 月 20 日 2 时，第 13 号强台风在福清县登陆，交溪流域普降特大暴雨，流域平均降雨量 228.4 毫米，发生特大洪水，白塔水文站在 13 小时内水位上涨 14 米多，出现洪峰水位 34.88 米（罗零高程），超过警戒水位 8.88 米，洪峰流量达 11700 立方米每秒，为新中国成立以来最大的一次洪水，仅次于 1922 年的特大洪水。当洪峰到达下游福安县城时，阳头桥出现超警戒线 7.36 米的洪峰水位，阳头桥两端冲断，拔倒百年大树 200 多株，福安县城成了泽国；水北溪流域山洪暴发，洪水淹进福鼎县城。全区受灾人口 19740 人，死亡 28 人（因公牺牲 7 人），倒塌房屋 4157 间，水利工程严重破坏，冲坏防洪堤 84 处、海堤 74 处，全区总损失达 484.59 万元。

1966 年

9 月 3 日 14 时，第 14 号强台风登陆罗源，正面袭击区境沿海，风力 12 级以上，持续 5 个多小时，正逢农历七月十九日大潮期，引发风暴潮，过程最大增水 1.35 米。飓风、海啸、山洪三碰头，造成特大洪潮灾害，为历史所罕见。霍童溪洋中坂洪峰水位 12.19 米，超警戒线 3.69 米，为建站以来最高纪录。全区死亡 225 人（其中为抢险而牺牲 14 人），伤 3231 人。其中霞浦死亡 127 人、宁德死亡 76 人、周宁死亡 13 人，倒塌房屋 18446 座，损坏 60573 座，翻沉船只 651 条，冲坏堤防 781 处，冲坏水利设施 1.02 万处，冲垮水库 1 座、山塘 8 座；冲坏闸门 7 座；破坏水电站 13 处。

1967 年

8 月 3 日至 10 月 10 日，福鼎连续干旱 68 天。

1969 年

9 月 27 日，受第 11 号强台风影响，全区普降大到特大暴雨，大部分地区出现 8~12 级狂风，福安交溪暴雨成灾，白塔水文站流域平均降水量达 211.6 毫米，河水猛涨 13.33 米，洪峰水位高达 33.93 米，为新中国成立以来的第二大洪水。正值农历八月十六大潮期，沿海出现风暴潮，福鼎沙埕过程最大增水 1.07 米，宁德东湖塘海堤和福安甘棠海堤决口多处，造成沿海堤防多处决口等损失。全区民房倒塌 6002 座，损坏 8930 座，海堤决口 431 处，冲毁小型水利设施 3.37 万处、防洪堤 820 处，死 46 人，伤 241 人。

1971 年

9 月 23 日，第 23 号台风 13 时半在连江黄岐岛登陆，受狂风、暴雨和暴潮袭击，全区死亡 28 人，伤 131 人。

1973 年

10 月 9 日，第 15 号台风暴雨，福鼎降雨量：城关 497 毫米，南溪公社 633 毫米，玉塘 300 年的城堡被冲垮。

1975 年

8 月 17 日，古田发生特大水灾，全县 22 个大队农田被淹，面积达 1234 亩，毁坏水利设施 146 处，桥梁 36 座。

1981 年

4 月 8 日，霞浦围江水库发生滑坡垮坝事故。大坝决口 70 米，流失土石方 1.6 万立方米。冲毁溪河水坝 13 米，石桥 1 座，渡槽 1 座，堤防护岸 1200 米。

9 月 17 日凌晨，霞浦长春文武塘北堤突然发生滑坡决堤事故。缺口长 50 米，深 4.2 米，滑坡长 130 米，当日堵口成功，海堤修复。

10 月 21 日，霞浦三赤围垦工程堵口截流，24 日发生滑坡沉陷，水漫堤顶，于 30 日修复。

1983 年

7 月 1 日至 8 月 20 日，宁德、霞浦、福鼎和福安 4 个县降雨量比常年同期分别少 294 毫米、205 毫米、242 毫米、187 毫米，气温高达 39~40℃，日蒸发量 9~12 毫米。全区受旱面积达 114.88 万亩，其中单季稻受旱 39.98 万亩，双晚稻受旱 26.6 万亩。

1985 年

8 月 23 日，第 10 号强台风在长乐江田登陆，沿海地区发生 300~400 毫米特大暴雨过程，霞浦崇儒乡 23 日出现罕见的暴雨，70 分钟降雨量 115.6 毫米，柘荣 6 个小时内暴雨量达 149.6 毫米。福安交溪白塔站出现了 31.20 米洪峰水位，超过警戒线 5.2 米，为 16 年以来最大洪水。全区 9 个县受灾，农田受灾面积 53.94 万亩，倒塌房屋4069间，死亡19人，毁坏水利工程5113处，冲垮塘堤2787处，直接经济损失553万元，其中水利损失252万元。

1986年

5月1日，受切变线影响，周宁县突降暴雨，七步水文站实测水文资料，改写了福建省90分钟以下的短历时降雨量纪录，55分钟降雨量达130毫米，其中30分钟、45分钟最大降水分别为83.9毫米和116毫米，接近全国纪录（93毫米、120毫米），七步站洪峰流量250立方米每秒，为建站30年以来最大。暴雨造成全县7个乡镇受灾，房屋倒塌、公路塌方、电信中断，并引发山洪，使沿河几千米防洪堤毁于一旦。

8月，全区遭受自1939年以来最严重的干旱，35座小（1）型水库蓄水量只占设计库容的25.7%，其中有8座干涸。霞浦溪西中型水库蓄水量仅125万立方米，接近死库容。全区受旱面积达104.6万亩，其中双晚农作物受旱23.24万亩。

1987年

9月10日，第12号强台风在晋江县登陆。受台风和冷空气共同影响，全区5个县出现特大暴雨，福鼎市磻溪镇出现590毫米的暴雨中心，其中10日雨量达458毫米，柘荣城关达421毫米，宁德城关1小时暴雨量达101毫米。又恰逢七月大潮期，沿海出现10~11级东北大风，发生风暴潮，福鼎沙埕镇出现超警戒线0.44米的年最高潮位。周宁狮城镇山体滑坡，毁房2座，死3人，伤4人。宁德九都镇九仙畲族自然村发生泥石流，摧毁民房8座，压死30人，重伤2人。全区9个县农田受灾面积77.86万亩，倒塌房屋1722座，死亡68人（因山体滑坡倒房压死51人，被洪水冲走17人）。

1988 年

6 月 18 日，受低层切变线影响，屏南县发生大暴雨，6 小时降水 191 毫米，山洪夹带着大量泥石流淹进上培电站，6 台机组全部受损。屏南城关内涝，数百名小学生夜间被困在影院，所幸防护及时，未发生伤亡事故。

9 月 21 日，受第 17 号、第 19 号台风、冷空气和 8 月大潮共同影响，全区普降大到特大暴雨，过程总雨量超过 200 毫米的有 7 个县，福鼎市磻溪镇总雨量 490 毫米。全区 67 个乡、镇 31 万人受灾，毁坏水利工程 4420 处，冲淹 14 座电站，冲垮桥梁 64 座，倒塌房屋 3400 间，死 13 人，伤 41 人。

1989 年

7 月 21 日，受第 9 号强热带风暴影响，全区 9 个县（市）普降雷暴雨到特大雷暴雨，溪河突发洪水。全区因灾死亡 20 人，伤 23 人。

8 月 20 日，受 18 号热带风暴影响，三都岛降水达 280 多毫米，出现严重泥石流，致房屋倒塌、人员伤亡。

1990 年

6 月 24 日，第 5 号台风于 5 时在霞浦至福鼎沿海登陆，系有史以来登陆区内最早的一次台风，全区 5 个县受灾，损失达 3538.3 万元。

7 月旱，全区农田累计受灾达 316.5 万亩次，其中成灾达 122.66 万亩次。

8 月 19 日至 9 月 8 日，连遭 4 次台风袭击和影响，平均每 5 天一次台风，系历史罕见，台风引起的大到特大暴雨，百年不遇。20 天重灾 4 次，损失 3.73 亿元，占 1989 年全区国民经济总收入的 15.5%。8 月 20 日受第 12 号台风影响，宁德、柘荣日雨量、3 日暴雨量和过程总雨量均超历史纪录。

9 月 4 日，第 17 号强热带风暴在福鼎沙埕镇一带登陆。沙埕在 13 小时内降特大暴雨 689 毫米，超过 500 年一遇，刷新了多项全省短历时暴雨纪录。福鼎吉坑小（1）型水库在 14 小时内降特大暴雨 414 毫米，超过 500 年一遇过洪水深 0.27 米，福鼎死亡 36 人。

是年，全区的灾情具有"旱、多、大、广、重"特点。连续遭受冰雹、龙卷风、特大暴雨、干旱和六次台风的袭击，是历史上罕见的大灾年。全区 9 个县（市）普遍受灾，受灾人口累计 312.29 万人次，平均每人受灾 1.15 次，死亡达 108 人，重伤 168 人，全区直接经济损失达 5.21 亿元，其中水利损失 8905 万元。灾情之重是新中国成立以来宁德未曾有过的。

1991 年

4—6 月出现少有的"空霉"现象。雨量少、气温高，蒸发量大，出现持续旱情，全区受旱面积达 178 万亩，霞浦、福鼎县旱情相当于 50 年一遇，其余各县旱情相当于 20 年一遇。

1992 年

7 月 5—8 日，全区普降暴雨到大暴雨，过程雨量 205~341 毫米，暴雨持续 2~3 天，全区受灾人口 108.87 万人，死亡 20 人，直接经济损失 1.306 亿元。

8 月 30—31 日，受 16 号强热带风暴影响，全区普降暴雨到大暴雨，全区受灾人口 90.83 万人，死亡 11 人，直接经济损失 2.06 亿元。

1994 年

6 月 10—21 日，全区普降大到暴雨，全区受灾乡镇 86 个，村 965 个，受灾人口 15 万多人，死亡 35 人，重伤 45 人，直接经济损失达 2.55 亿元，其中水利设施损失 1625.12 万元。以古田县灾情最为惨重，直接经济损失达 1.4856 亿元。6 月 20 日，古田黄田镇发生严重山体滑坡，28 人遇难。地、县组织 600 人全力抢救被压群众 20 人。

7 月 10 日，受第 6 号强台风影响，全区普降大到暴雨，局部大暴雨。由于这次台风强度强，风力大，暴雨集中，又遇天文大潮，全区 9 个县市普遍受灾，受灾人口达 139.03 万人。被洪水围困 0.4 万人，紧急转移 1373 人，进水城镇 3 个，积水城镇 1 个，损坏房屋 11.2 万间 41.95 万平方米，倒塌房屋 2780 间，压死 1 人，有 14 人因翻船失踪，直接经济损失达 1.427 亿元，其中水利方面经济损失 2220.9 万元。

8 月 21 日，第 17 号台风袭击宁德地区，沿海风力 8~12 级，又遇农历七月十五天文大潮，风大浪高，沿海 4 个县（市）遭受严重损失，受灾 46 个乡镇，663 个村，49.74 万人，毁坏房屋 8.15 万间，直接经济损失达 9044 万元，其中水利方面经济损失 1877 万元。

9 月 1 日，受第 18 号台风影响，5 个县（市）降暴雨到大暴雨，38 个乡、镇，453 个村受灾，受灾人口 28.45 万人，12 个城镇进水，直接经济损失达 4500 万元，其中水利方面经济损失 1500 万元。

1995 年

8 月上旬，受副热带高压影响，持续高温，蒸发量大，降雨量少。8 月上旬至 9 月 25 日，全区降雨比常年同期减少 6~7 成，特别是 8 月下旬以来基本无雨，为新中国成立以来所罕见。河、库、塘蓄水量迅速减少，沿海大部分溪河断流。全区小（1）型以上水库 44 座，干涸 17 座，小（2）型水库 243 座，干涸 115 座，其余水库蓄水量也仅占总库容 10%~20%。全区 9 个县（市）普遍受旱，尤其沿海 4 个县（市）旱情更为严重，全区受旱面积达 136 万亩，其中绝收减产 10 万亩，18 万人饮用水严重短缺，直接经济损失 2.46 亿元。

10 月 3—5 日，受第 15 号热带风暴影响，全区各县市普遍降雨，局部特大暴雨，引发严重洪涝灾害，暴雨造成福鼎、霞浦、柘荣 3 个县 18 个乡镇 13 万人受灾，4 人死亡，1 人受伤，6 个城镇进水，5 个城镇积水，被洪水围困群众达 1.8 万人，累计直接经济损失达 6082 万元。

1996 年

7 月底，受第 8 号台风正面袭击，又逢农历六月大潮期，出现狂风、暴雨、大潮、巨浪，全区出现 8~12 级大风，沿海潮水最大增水达 1.21 米，并伴有 4~5 米的巨浪，7 月 31 日 22 时 35 分福鼎沙埕站出现近百年以来最大的特高潮位 11.26 米，超过警戒线 1.26 米，比调查到的最高潮位纪录高出 0.07 米，比 1956 年设站以来实测量最大高潮位高 0.31 米。宁德县二都、车里湾、拱屿等多条保护面积千亩以上海堤决口。8 月 2 日，古田鹤塘镇下樟溪水电站厂房淹没，在抢险过程中民兵黄招水、黄传凯被洪水卷入水中身亡。

7 月，受第 8 号台风影响，全区 9 个县（市）普遍受灾，受灾乡（镇）98 个，受灾人口 164.3 万人，因灾死亡 11 人，累计直接经济损失 12.24 亿元，其中水利设施方面直接经济损失 1.73 亿元。

1997 年

6 月 24 日，古田县桃溪流域发生新中国成立以来最为严重的山洪，松吉、凤都、凤埔、湖滨等乡镇受灾严重，古福线公路湖滨乡前山洋段淹没水深达 2 米以上，交通中断 4 小时，松吉乡松吉小学周围一片汪洋，洪水漫至二层楼板，小学成为孤岛，鹤塘、风埔乡主要街道水深 0.6~1.0 米，凤都镇所在地 1/3 被水淹，古田全县 10 个乡镇、94 个村受灾，受灾人口 9.5 万人，死亡 1 人，直接经济损失达 1 亿多元。

8 月 18 日 21 时 10 分，第 11 号台风在浙江省温岭市沿海登陆，近海风力达 11~12 级，内陆风力达 8~10 级，正值农历七月天文大潮，沿海最大增水达 1.32 米，其中 8 月 18 日上午 9 时 20 分沙埕潮位达 11.18 米，超警戒水位 1.18 米，全区受灾乡镇 96 个，受灾总人口 115.13 万人，直接经济损失 4.03 亿元。

8 月 29 日 16 时 30 分，第 14 号台风在福清市沿海登陆，全区普降暴雨至大暴雨。山洪暴发，交溪白塔水文站 30 日 7 时 30 分洪峰水位达 29.93 米，超危险水位 0.93 米，超危险水位历时 5 个小时，致使下游的福安市城区低洼地带淹没 4 平方千米，占城区面积的 1/3。全区受灾乡镇 113 个，受灾总人口 138.99 万人，有 4 个城区进水，27 个乡镇积水，直接经济损失 4.313 亿元。

1998 年

2 月 15 日 20 时至 17 日 8 时，全区普降大到暴雨，连续性暴雨造成宁德、古田、福鼎、霞浦 4 个县（市）出现水库过洪，堤防、渠道决口，水闸损坏等灾情。全区 4 个县（市）受灾，受灾人口 7.84 万人，死亡 17 人，进水乡镇 3 个，直接经济损失 4324 万元。

6 月 18—25 日，连续遭受大到特大暴雨袭击，全区普遍受灾，山区县尤为严重。19 日 17 时至 23 日 8 时，屏南县过程雨量达 421 毫米，是 1968 年以来最大的一次过程性降水。6 月 22—25 日，交溪白塔站 4 次出现超警戒水位洪峰；斜滩站 5 次洪水 3 次超警戒水位，一次超危险水位；霍童溪洋中坂站、棠口站分别出现两次超警戒水位洪峰。南溪、桑园等 7 座中型水库溢洪，屏南县城关低洼地带进水 1 米多深，福安城区部分受淹。全区 9 个县（市）受灾人口达 119.28 万人，进水城镇 2 个，积水城镇 16 个，全区倒塌房屋 24362 间，因灾造成 1.76 万人无家可归，死亡 11 人，直接经济损失 4.25 亿元。

2000 年

8 月 21—24 日，遭受第 10 号"碧利斯"强台风的袭击，大风巨浪，闽东"海上田园"损失惨重。全区 9 个县（市）普遍受灾，受灾人口 80.6 万人，因灾死亡 2 人，累计直接经济损失 4.92 亿元。

2001 年

6 月 23 日晚 10 时 20 分，第 2 号台风"飞燕"在福清市高山镇登陆后，滞留境内时间长达 4 小时，又逢农历天文高潮期，风大浪高，全市受灾乡镇 65 个，受灾总人口 112.83 万人，死亡 9 人。全市直接经济损失 7.1128 亿元，其中水利直接经济损失 5466 万元。

2002 年

9 月 7 日 18 时 30 分，第 16 号台风"森拉克"登陆浙江省苍南县，时逢农历八月大潮，沿海出现 7 次超警戒线潮位，其中 5 次超危险线，7 日 21 时 42 分沙埕潮位超危险线 0.35 米，为该站实测第三大潮位，重现期为 23 年一遇。风暴潮波及整个闽东沿海海域，伴随着灾害性海浪，福鼎、霞浦、蕉城、福安等沿海县（市、区）灾情尤为严重。全市受灾乡（镇）102 个，受灾总人口 128.7 万人，死亡 5 人，全市直接经济损失 33.68 亿元，其中水利直接经济损失 3.73 亿元。

2003 年

6 月 15 日开始，全市出现持续晴热高温天气。福安市极端气温达 42℃，霞浦、古田、屏南、寿宁等县的极端气温也都创历史新高。各县（市、区）持续时间均超过 25 天，最多为蕉城 50 天，为历史所罕见。全市 9 个县 120 个乡镇受灾，受灾人口 186 万人，3 个城区 60 多个乡（镇）严重缺水，58.61 万人、2.88 万头大牲畜发生饮水困难。沿海部分乡（镇）只能靠船、车运输解决饮用水问题。7 月，副省长刘德章莅临霞浦县视察旱情，宁德市政府在霍童镇召开现场会，交流推广霍童镇打井抗旱成功经验。

2004 年

8 月 25 日 16 时 30 分，第 18 号强台风"艾利"在福清市登陆，25—26 日，全市出现强降雨，7 个县市过程雨量超过 200 毫米，最大降雨为柘荣县青岚水库站 667 毫米。26 日凌晨 3 时 48 分，福安城区洪水位超危险水位 3.4 米，为 1969 年以来最大的洪水，超过 80% 的面积被淹。霞浦、柘荣、寿宁 3 个县城区都不同程度进水，全市受灾乡镇达 118 个，受灾总人口 153.6 万人，死亡 1 人，失踪 1 人，全市直接经济损失达 18.25 亿元，其中水利直接经济损失 3.9 亿元。

2005 年

6 月 17—23 日，全市普降连续性大范围暴雨。霍童溪屏南站 6 月 19 日 14 时 30 分，出现洪峰水位 816.27 米，超警戒线 0.27 米，为设站以来最大洪水；6 月 20 日 15 时 42 分，赛江斜滩站出现洪峰水位 45.36 米，超危险水位 0.36 米，为设站以来同期第二大洪水；霍童溪洋中坂站 19 日、22 日 2 次出现洪峰水位，最高洪峰水位超警戒线 0.84 米。全市 86 个乡镇遭受不同程度损失，受灾人口 34.2 万人，直接经济损失 2.65 亿元。

7 月 17 日，第 5 号强台风"海棠"在连江登陆，正面袭击境内，柘荣龙溪水库出现最大过程雨量达 883.3 毫米，福鼎管阳站、西阳站和柘荣站短历时降雨量均为历史实测最大。暴雨引发洪水，赛江上白石站 19 日 14 时 30 分洪峰水位 15.12 米，超警戒线 4.12 米，超危险水位 2.12 米，为历史同期实测最大值；赛江白塔站 7 月 19 日 16 时 30 分洪峰水位 30.69 米，超警戒线 4.69 米，超危险水位 1.69 米，相应流量 7290 立方米每秒，为历史同期实测第三大洪水。霍童溪流域亦发生超警戒洪水。福鼎、霞浦、福安、柘荣城区大面积积水；霞浦全县供电中断一天，霞浦县牙城镇洪山千亩海堤决口；福鼎秦屿、店下及蕉城漳湾万亩垦区发生内涝；万亩灌区蕉城五里洋引水工程拦河坝被冲；柘荣城关防洪堤决口 300 多米，柘荣城区进水 1 米多，柘荣楮坪乡政府办公楼倒塌。全市受灾总人口 83.7 万人，倒塌房屋 3793 间，直接经济损失达 20 多亿元。

8 月 31 日至 9 月 1 日，受第 13 号台风"泰利"影响，全市出现暴雨、部分大暴雨、局部特大暴雨的天气过程。9 个县市普遍受灾，受灾人口 73.699 万人，直接经济损失 13.3343 亿元。福鼎城区大面积受淹，流美水闸洪峰水位达 6.33 米。

10 月 1—4 日，受第 19 号台风"龙王"和冷空气共同影响，全市出现了大到暴雨、局部大暴雨的天气过程。10 月 3 日，蕉城区洋中镇遭受百年不遇的暴雨袭击，部分防洪堤被毁，受灾人口 1.8 万人，失踪 1 人。全市 81 个乡镇受灾，受灾人口 34.61 万人，直接经济损失 1.8 亿元。

2006 年

5 月 18 日凌晨 2 时 15 分，第 1 号台风"珍珠"在广东省饶平到澄海之间沿海登陆，凌晨 3 时前后进入福建省境内，并影响全市，这是有气象记录以来影响市境最早的台风。

6月上旬，全市连降暴雨，赛江、霍童溪水位猛涨，霍童溪出现50年一遇洪水。6日17时霍童溪洋中坂站洪峰水位达12.9米，超警戒水位3.9米，超危险线2.46米。6月6日中午开始，省道峉外线低洼路段开始进水，此后霍童溪下游洪口、霍童、八都、九都路段被洪水分割，4个乡镇所在地和30个村被淹1~3米，长达8小时以上。八都镇区受入海口潮水顶托，镇区被淹达12个小时以上，供水、供电、交通、通信全部中断。全市9个县（市、区）126个乡镇受灾，受灾总人口73.68万人，全市紧急转移安置15.43万人，因灾死亡2人，失踪1人，直接经济损失10.65亿元，其中水利直接经济损失2.11亿元。

7月14日12时50分，第4号台风"碧利斯"在霞浦县北壁镇登陆。

8月10日17时25分，第8号超强台风"桑美"在距福鼎市仅10千米的浙江苍南马站镇登陆，登陆时中心气压920百帕，近中心最大风速60米每秒，风力17级；而后台风中心以每小时20千米的移动速度横穿福鼎、霞浦、柘荣、福安、寿宁5个县（市），过境风力均达12级以上，并带来短历时强降雨。此次超强台风是中国大陆沿海区域50年以来风力最强、破坏力最大的一次，是我国台风强度重新分级后登陆的第一个超强台风，是我国气象部门第一次进入一级气象应急响应状态的台风。特别是福鼎市首当其冲，遭遇极限风速，台风在境内滞留肆虐长达5个多小时，台风所到之处满目疮痍，风雨肆虐造成惨重损失，房屋成片倒塌，电力系统全面瘫痪，通信不畅，交通受阻，沿海7万口渔排网箱在台风登陆时瞬间被冲毁，沙埕港491艘避风船沉没，1139艘损坏。福鼎市域因灾死亡252人（其中：福鼎籍死亡129人，外地籍死

亡59人，无人认领遗体64具），失踪48人，直接经济损失33亿元。此外，福安、柘荣、霞浦、寿宁城区均受淹。

2007年

8月18—21日，受9号台风"圣帕"的影响，全市普降暴雨到大暴雨，蕉城、福安、柘荣局部降特大暴雨，蕉城区洋中镇山阜村大洋自然村发生泥石流，造成5人死亡；三都镇礁头村发生山体滑坡，2人死亡。全市9个县（市、区）122乡镇（街道）受灾，6人死亡，4人失踪。直接经济损失5.47亿元，其中水利直接经济损失1.1亿元。

第二节　水利起源与发展

根据《福宁府志》《八闽通志》《福宁州志》《三山志》《宁德县志（明嘉靖、明万历、清乾隆和近现代）》《宁德支提寺图志》《福建省水利方志》以及《宁德市水利志》的记载，宁德地区的水利起源与发展可以划分为两个阶段，一个是1949年以前，一个是1949年至今。从隋朝至1949年，1360多年的历史过程，不断开垦土地、兴修水利，但多为豪绅所占，霸为己有。由于当时政治腐败，官吏层层贪污，"兴则用、毁则废"，所以，中华人民共和国和成立时（1949年），宁德境内百亩以上水利工程仅余约140处。1949年中华人民共和国成立后，水利事业发展进入了新的阶段，1950年，宁德县冬春修水利18处，受益农田260120亩。70多年来，为发展水利水电事业，宁德市投入大量的人力、物力、财力对原有工程进行复建，水利建设进入了高速发展阶段。

宁德地区 1949 年以前水利建设的高峰期主要是在宋代，大多数工程在那个时期成型，后世多在原来的基础上复建。

一、隋

宁德市水利建设的起源，与原隋朝谏议大夫举家南迁至宁德有关。隋代，黄鞠带来了中原地区先进的治水理念和技术，带领当地的老百姓开垦丘陵区，变荒地为良田。在霍童松洋（又名堵坪湖、堵平湖）修建了闽东丘陵区的第一个水利工程，也是我国山地水利工程的典型代表工程——黄鞠渠，引大溪水，灌溉千余顷农田。

二、唐

唐朝开始建堤围垦造田。大和年间（公元 827—835 年），开始通过修建堤防、围垦造田，兴建了宁德市第一个围垦工程——西陂塘，工程几经冲毁、重建，现在见到的是 1980 年代重新修建的。

三、宋

宋朝由于政府对水利建设的重视，陆续开展了多项水利工程的建设，加强了对辖区内水利工程和设施的管理。大多数的工程都是这一时期兴建的，主要以灌溉工程和围垦造田工程为主。

工程建设方面：建隆元年（公元 960 年）在福安甘棠筑堤围垦。开宝年间（公元 968—975 年）初，著作郎王大昉在霞浦主持兴建营田陂。庆历年间（公元 1041—1048 年），在福鼎障海为陂，名桐山陂。元祐二年（公元 1087 年）霞浦知县马康侯筑斗门闸及东斗门、西斗门。元祐四年（公元 1089 年），宁德县人林奎等率人复砌围筑西陂塘，围垦农田七百四十八顷有奇，持续耕种八十多年。绍圣年间（公元1094—1097年）初，霞浦知县熊俊明主持修建营田陂。嘉定年间（公元1208—1224年），霞浦知县江润祖修缮营田陂。嘉熙元年（公元1237年），霞浦知县黄格改建营田陂。淳祐九年（公元1249年），宁德知县李泽民兴筑东湖塘，又称东陂。筑堤二百余丈，周围九百一十余丈，分为俞、阮两个塘，内建两条各宽三步的道路，称为"李公堤"，后塘堤失修，毁于元末。

工程管理方面：嘉祐五年（公元1060年）七月，遵朝廷旨所有溪涧、沟、渠、泉源不得填筑为田，春耕时由农户按田亩均摊出工整修备旱。州县应将水利设施的地名、源流去处、广、狭、深、浅、灌溉亩数等，报都水监，时加检查。治平三年（公元1066年）年末，遵朝廷旨下文，告凡陂泽之地，不得壅塞侵耕，妨碍蓄水疏流，并令州县分派"乡耆"逐季巡查，不得纵容侵耕；告发者按侵耕面积，每亩赏钱三千，以犯事人家财充给，并将侵耕所得地利入官；违者有关官吏及侵耕者，以违制之罪处罚。大观四年（公元1110年）十月，由常平司委派州县对蓄水抗旱的水利工程进行调查、登记、管理，以资灌溉，而离水较远的农田，由农户开引渠水灌之。政和元年（公元1111年）三月，解除陂、湖、塘、泊之禁，任民汲引灌溉，允许近水村民渔禾，不得再按原规定，已纳助学费为名的人户专用，违者监司应纠劾上报。绍兴八年（公元1138年），遵朝廷旨调查陂、塘、埭等，备册记载，委托当地有名望的人主持兴修，由受益户出钱谷工料，县官罢任应将所兴修的水利书于"印纸"，酌量旌赏，并由各路常平司委知州办理上报。绍兴二十三年（公元1153年）四月，遵朝廷旨以州县的陂、湖本作蓄水以备灌溉，近年多被大户侵占，各州县应加处理、上报。绍兴二十九年（公元 1159 年）九月，遵朝廷旨不得将蓄水之地泄水耕种。乾道九年（公元 1173 年）十一月，调查水利设施情况，要求加强维修复理，对地方官在水利方面的政绩优奖劣惩。

四、元、明、清

元明清时期宁德水旱灾害频仍，这一阶段更重视工程治理和复建，管理创新较少。

工程建设方面：明宣德年间（公元 1426—1435 年），古田知县张昱疏浚焕文渠。正德九年（公元 1514 年），福宁州知州欧阳嵩整治霞浦长溪河，建桥四座，设吃紧、驷马、金台三闸，同时"障以木柱，织以篾竹，植以榆树"加固，故将长溪河改称欧公河。嘉靖十三年（公元 1534 年），福宁知州周拱浚治霞浦北河。嘉靖十五年（公元 1536 年），巡按御史白贲倡议修筑宁德西陂塘，参政胡宗明亲临视察，惮于工程艰巨而作罢，福宁知州谢廷举重浚霞浦长溪河。嘉靖二十五年（公元 1546 年），宁德籍御史陈褒倡议围筑东湖塘，未果，身卒。万历年间（公元 1573—1593 年），福安知县陆以载筑坝城（西郊水坝前身）。万历九年（公元 1581 年），知县汪美重建坝城（即西郊水坝）。万历十九年（公元 1591 年），分巡道李琯、福宁知州史起钦主持重浚霞浦长溪河。万历二十一年（公元 1593 年），福安知县陆以载改建西郊水坝。万历二十三年（公元 1595 年），古田县重建寻洋陂（始建年代不详），长三百七十丈，阔八尺，高三尺五寸。万历三十六年（公元 1608 年），古田建成樟上陂引水工程。崇祯十三年（公元 1640 年），福安建成下白石镜塘海堤、象环海堤，福安从仙座头至洋厝保建甘棠堤，保护农田 9300 亩。康熙三十八年（公元 1699 年）八月十七日，福安洪水猛涨，浸没县城东、西、南三向。福鼎桐山溪水大发，桐山营游击焦云楷巡检令兵民始于溪头编竹叠石筑坝，即溪岗坝（现名城关防洪堤）。康熙五十六年（公元 1717 年），福安知县严德冰重建西郊水坝。雍正八年（公元 1730 年），福鼎州牧张秉纶劝谕重修护城坝（溪岗坝）。雍正九年（公元 1731 年），福安知县钱洙重建西郊水坝。雍正十三年（公元 1735 年）十月，闽浙总督郝玉麟奏请从霞浦至古田水口，对沿溪大滩七十六处的河心石块予以錾凿，并修纤道，立柱标，经工部议决批建。乾隆九年（公元 1744 年），福鼎县令熊煌率绅士游学海、张有华等鸠工砌造护城坝（俗称溪岗坝），基厚三丈，面宽一丈，高一丈三尺，自七星墩至前店，全长一百四十三丈。乾隆十三年（公元 1748 年），宁德知县徐兆麟倡议围筑东湖，群众积极协助，围附马塘、酒屿，联猴毛屿至兰屿，筑堤四条，计长八百四十六丈，设水闸二座，乾隆十七年（公元 1752 年）告竣。乾隆十七年（公元 1752 年），福州商人林长源独自兴建宁德西陂塘，历经七年，临竣工，水冲堤决。乾隆二十年（公元 1755 年）八月，大水冲决宁德东湖围筑工程。乾隆二十四年（公元 1759 年）秋，福鼎大水，洪水冲溃护城坝，县令吴寿平、胡建伟先后倡捐重修，并加长一百十丈，高厚如旧。乾隆二十四年（公元 1759 年），福宁府知府李拔着手治理长溪河，修筑西山三坝。同年，宁德知县楚文暻围筑东湖塘未果。乾隆二十八年（公元 1763 年），福鼎大风雨雹，海潮泛滥，屋瓦皆飞，护城坝被冲崩多处。知县赵由俶倡捐率士民重修，并浚旧溪。乾隆三十八年（公元 1773 年），福鼎飓风暴雨，溪水猛涨，海潮顶托，护城坝多坍倾。福安大风雨，洪水汹涌，淹东门城垣，倒塌。知县王应鲸率绅士倡捐重修，两年告竣。乾隆四十七年（公元 1782 年）七月，福鼎大水，东门城垣仅剩三板（筑城用的夹板）未淹没，护城坝崩数十丈，漂没田庐，人畜死众多。光绪十年（公元 1884 年），福宁知府余承、邑令陈履益整治霞浦长溪河。

工程管理方面：元至元二十三年（公元 1286 年），颁布立社社规。其中一款规定：河渠之利，各地应由正官一员，偕知水利人员，以时浚治。如别无违碍，许民量力自行开引地高水。不能上者，命造水车。贫不能造者，官给车材，鼓励扶助民众修水利。

五、近现代

开始设立雨量站和水文站，工程建设开展得不顺利。

工程建设方面：1917 年，宁德三都设立雨量站。1918 年，宁德五里洋海堤建成，位于漳湾。1920 年，寿宁县后殷洋拦水坝建成。1933 年 3 月，宁德县长谭暮弘向省报请围垦西陂塘，增拨钱粮，勘测设计，终因污吏私贪，落得"钱米堆山不见堤"的结局。1935 年，水利总工程处在古田水口设立水标站，观测水位，施测流量。1936 年，福安秦溪乡集资建设秦溪水坝。1943 年 1 月 4 日，福鼎动工修筑溪岗堤坝；围垦西陂塘，屡建屡败。1947 年，宁德西陂塘围垦工程复建，未果。

1949 年至今，宁德市水利工程建设进入了新的高峰期。1950 年，古田县曹洋水电站发电，是闽东地区第一个国营水电站和第一条投入运行的高压配电线路。1951 年 3 月，古田溪一级水电站一期工程动工，装机 1.2 万千瓦，揭开区内水电建设序幕。1953 年，霞浦县沙江沙塘防洪堤建成，系当时全区第一条保护面积千亩以上的防洪堤；霞浦县溪南防洪堤建成，保护面积 1560 亩。1954 年，福安甘棠双江海堤建成。1955 年，宁德县漳湾五里洋引水工程建成。1956 年，霞浦县罗汉溪万亩引水工程建成，霞浦县下浒坑里头水库建成，在霍童石桥建第一座小型水电站。1957 年，霞浦县七都溪万亩引水工程完工，寿宁县城关东兴建一座火力发电站，金溪引水工程建成，罗江抽水站建成。1959 年，古田溪一级水电站拦河坝关闸蓄水，人工湖形成；福安市溪柄镇柏柱水库建成；霞浦县溪西中型水库破土动工。1961 年，福鼎市秦屿镇吉坑水库建成。1962 年，首座手摇测流缆道在周宁县七步水文站建成。1963 年，霞浦罗汉溪电灌站建成，下洋中水轮泵工程建成。1965 年，宁德县东湖塘海堤建成。1967 年，霞浦县洪山围垦工程竣工，围垦面积 1050 亩。1968 年，霞浦县牙城镇雉溪海堤建成，霞浦县牙城镇凤阳海堤建成。1969 年，福安顶头水库建成。1970 年，福鼎秦屿海堤工程竣工，围垦面积 4000 亩，保护面积 1.315 万亩；霞浦县大坪小（1）型库工程建成。1973 年，古田溪水电站历经 22 年建设，四级电站全部建成，总装机容量 25.9 万千瓦。1974 年，宁德县大泽溪水电站投产发电，总装机 2 台 8200 千瓦，年发电量 4575 万千瓦时；溪西水库建成，总库容 3990 万立方米；闽东水电站 3 台机组全部投产发电，总装机容量 1.89 万千瓦，年发电量 8880 万千瓦时。1975 年，霞浦江港改造工程竣工。1976 年，宁德金涵水库建成，霞浦三河改造拓建工程完工。1979 年，宁德漳湾西陂塘海堤建成，堤长 1.04 千米；霞浦红屿围垦工程堵口成功。1981 年，霞浦文武塘围垦工程堵口成功，围垦面积 0.60 万亩，可耕面积 0.5 万亩；霞浦三赤围垦工程堵口截流。1982 年，周宁龙溪一级水电站建成，装机 4 台，总容量 1 万千瓦，年发电量 6500 万千瓦时。1983 年，福鼎南溪水库建成。1987 年，霞浦柏洋引水工程建成，隧洞长 5256 米，每年可引水量 3400 万立方米入溪西水库。1990 年，福鼎杨岐围垦工程基本建成。1992 年，宁德桥头水库建成，总库容 2015 万立方米，最大坝高 53 米。1993 年，水口水电站建成，福鼎城关防洪堤建成。1995 年，福鼎桑园水电站经过 3 年建设，第一台机组发电，装机容量 1.25 万千瓦；霞浦长春万亩旱片水源工程本溪洋水库建成，总库容 276 万立方米，灌溉面积 1.32 万亩。1996 年，福鼎桑园水电站全面完工，总投资 1.95 亿元；福鼎铁锵围垦工程全面竣工，围垦面积 3060 亩。1998 年，福安黄兰溪梯级水电站建成，装机容量 3.6 万千瓦。1999 年，周宁芹山水电站建成投产，装机容量 7 万千瓦。2004 年，霞浦三沙供水扩建工程提前通水；蕉城区洪口水电站主体工程动工建设，装机 20 万千瓦。2005 年，周宁水电站建成，装机 25 万千瓦，为境内装机容量最大的水电站；福鼎市台山岛海水淡化和污水净化试点工程通过验收。2006 年，宁德市防洪防潮工程金马海堤竣工验收，宁德城区防潮标准提高到 50 年一遇。2008 年，省重点能源项目——洪口水电站水库蓄水，首台机组投产发电。总装机容量 20 万千瓦，总库容 4.5 亿立方米，年均发电量 4.5 亿千瓦时；霞浦县柏洋水电站建成，装机容量 1 万千瓦。

工程管理方面：1944 年 9 月，贯彻行政院公布的《灌溉事业管理养护规则》。

第三节　古代水利工程分布 [1]

宁德市境内的古代水利工程主要分布在蕉城区、福安市、福鼎市、霞浦县、古田县 5 个区（县），工程大致分为四类：第一类是灌溉工程，如位于蕉城区的黄鞠渠、霞浦县的营田陂、福鼎市的桐山陂和古田县的焕文渠、寻洋陂和樟上陂引水工程；第二类是筑堤围垦造田工程，一个是位于蕉城区三都港的西陂塘，一个是位于蕉城区城东的东湖塘（东陂），一个是位于福安市的甘棠筑堤围垦等；第三类是堤防工程，除了位于蕉城区的西陂塘和东陂塘海堤、福安市的甘棠海堤，还有位于福鼎市的店下海堤（杨岐海堤）；第四类是防洪堤，有福鼎市的溪岗坝、福安市的西郊水坝以及霞浦三河防洪堤等。

一、蕉城区

（一）黄鞠渠

黄鞠渠位于福建省宁德市蕉城区霍童镇，霍童溪中游河谷地带。黄鞠渠是闽东最早建成的引水工程，是全国规模较大、建成较早且用火烧水激法建造的隧道自流引水工程，工程至今仍在使用中，持续发挥着灌溉等功能。

黄鞠渠，最早见于记载的是宋梁克家版《三山志》（淳熙九年），后来明黄仲昭的《八闽通志》以及《福宁州志》《宁德县志》《福建水利方志》《闽书》等都对工程有所记录。隋大业九年（公元 613 年），原隋朝谏议大夫黄鞠率家眷南徙至闽东地区，在宁

---

① 福建省宁德市水利局编，宁德市水利志，中国水利水电出版社，2011 年

德十二都霍童松岸洋劈山凿洞，隧洞高 2.5 米，宽 1 米，长约 500 米，引大溪水灌溉农田千余顷，岁旱不竭，附近之田尽成沃壤。

（二）西陂塘

西陂塘位于三都港内，宁德六都村东部，距县城 12 千米，东沿漳湾溜屿围堤，南毗增坂，西沿福州—温州公路，北临三都港通往东海。滩地呈方形，地势平坦，交通便利，水源充足，土质肥沃。

大和年间（公元 827—835 年），始筑宁德西陂塘围垦工程。元祐四年（公元 1089 年），宁德县人林奎与圣泉寺僧养誉倡导百余户围筑西陂塘，复砌以后，内垦田七百四十八顷有奇，其为一方美业，利至溥也。耕种八十余年，及元末盗贼窃发，居民窜匿，水门失守，内涨而溃。宣和七年（公元 1125 年），宁德知县储淳重修西陂塘未果。嘉靖十五年（公元 1536 年），巡按御史白贲倡议修筑宁德西陂塘，参政胡宗明亲临视察，惮于工程艰巨而作罢。同年，福宁知州谢廷举重浚霞浦长溪河。乾隆十七年（公元 1752 年），福州商人林长源独自兴建宁德西陂塘，历经七年，临竣工，水冲堤决。1933 年 3 月，县长谭暮弘向省报请围垦西陂塘，增拨钱粮，勘测设计，终因污吏私吞，落得“钱米堆山不见堤”的结局。1976—1981 年对西陂塘复建。西陂塘围垦总面积 1.23 万亩，其中可耕面积 1.03 万亩，塘内调洪水域 2000 亩。建北堤长 870 米，水闸一座五孔、净宽 20 米，海堤长 210 米。1980 年 12 月至 1981 年实施垦区建设，建闸分水，建小型电站一座，装机 110 千瓦，完成灌溉干渠 15 条，全长 11.85 千米，排洪沟渠 7 条，长 6.5 千米。

（三）东湖塘（东陂）

东湖塘位于蕉城区城东鳌江口，三面傍岸，东有金蛇头、贵岐等岛屿环抱，状似银盘，故名东湖，又称东陂。

宋淳祐九年（公元 1249 年），知县李泽民领众筑堤二百余丈，周围九百一十余丈，分为俞、阮两个塘，内建两条各宽三步的道路，称为"李公堤"，后塘堤失修，毁于元末。至明嘉靖二十五年（公元 1546 年）御史陈褒倡议围垦东湖塘，未成，身卒[①]。直至清乾隆十三年（公元 1748 年）县令徐兆麟倡议围筑东湖，群众协作，围附马塘、酒屿，联猴毛屿至兰屿，筑堤四条，计长八百四十六丈，设水闸二座，至乾隆十七年（公元 1752 年）塘堤告竣。三年后，于乾隆二十年（公元 1755 年）八月被大水冲决。乾隆二十四年（公元 1759 年），宁德知县楚文暻围筑东湖塘未果。1919 年宁德海啸成灾，东湖塘堤崩塌。1958 年 6 月对工程复建，至 1961 年底，贵竹堤段、25 孔水闸、4 孔桥水闸基本完成，金马主堤完成 685 米，仅剩口门 640 米未合龙，底槛抛石至黄海高程 3.5 米，计完成土石方 127 万立方米。工程暂停转入全面维护。1962 年宁德县委、人委申报续建，1964 年省委决定移交侨务部门投资继建，1965 年 5 月完成海堤堵口闭气，堤顶高程 5.6 米。实施塘内规划，挖沟排淤、筑路修渠、平整造田。办起东湖塘华侨农场，分设大门山、五里亭、四孔桥、塔南、华溪、兰溪、东楼七个管理区。1973 年实测全场面积 18678.6 亩，其中可耕地面积 11613.4 亩，水域 4930.4 亩，道路、水利、防护林用地 2134.8 亩。

---

① 中国人民政治协商会议宁德市委员会文史资料委员会编，宁德文史资料（第一辑），鹭江出版社，2001 年。

东湖塘海堤经过不断加固补强，海堤总长 2570 米，平均堤高 7.15 米（黄海高程），设 4 孔桥水闸和 25 孔水闸，总净宽 110 米，泄洪量达 1591 立方米每秒。

二、福安市

（一）甘棠海堤

甘棠海堤，位于福安市的西南部，赛江河岸的右侧。集雨面积 70 平方千米，海堤全长 7.1 千米，堤顶高程 5~6 米，堤顶宽度 2~3 米。共设水闸 7 座 15 孔，净宽 44 米，其中南闸一座 8 孔，净宽 28 米。海堤保护耕地 1.03 万亩，保护甘棠镇 12 个村，人口 2.5 万人。

甘棠海堤始建于宋建隆元年（公元 960 年），福安在甘棠筑堤围垦，保护耕地万余亩、15 个村庄和 2 万余人。明崇祯十三年（公元 1640 年），从仙座头至洋厝保建甘棠堤，保护农田 9300 亩，其他 800 亩。因海堤兴建历史久远，抗洪防潮标准低，常被台风海潮冲毁。1946 年遇飓风大汛，洪水冲垮堤线 6 千米。1949 年后，逐年投资对海堤维修加固，采取对弯曲堤段截弯取直，整修港汊段，修建南塘水闸等措施，提高海堤抗洪防潮标准。1964 年海堤的专管机构甘棠海堤管理处成立，属省管工程。

（二）西郊水坝

现为福安城区防洪堤，工程位于交溪中游福安市城区，集水面积 3300 平方千米。历年常受台风暴雨、山洪危害。

宋绍兴十六年（公元 1146 年）九月的一次洪水，龟湖山仅露山顶。明万历年间（公元 1573—1593 年），知县陆以载筑坝城（西郊水坝前身）。万历九年（公元 1581 年）七月初九夜，大水高过屋檐，城仅存在东西二隅（今上杭和湖山），淹死二千余人，道路沟渠尸体枕藉，炊烟几乎断绝。民谣"万历年间，水流福安，剩下上杭和湖山"流传至今。同年，知县汪美重建坝城（即西郊水坝）。万历二十一年（公元 1593 年），知县陆以载改建西郊水坝。清康熙五十六年（公元 1717 年），知县严德冰重建西郊水坝。雍正九年（公元 1731 年）七月，知县钱公议兴建西郊水坝，首捐养廉金三十两，继由官民续捐银一千四百三十两，雍正十二年（公元 1734 年）冬动工兴建，至清乾隆元年（公元 1736 年）二月完工，建成长四十五丈，高一丈二的西郊水坝。1922 年前，交溪主流绕道于坂中后面山边，富春坂和坂中村相连（富春溪仅为一条小溪，船民为航行便利，耙深该溪以利航行，故称耙溪）。后因上游河床变化，洪水多次冲刷，形成交溪主流。每年洪水冲刷河岸，损失大片良田，富春坂面积逐年缩小，河岸已后退 50~80 米，致使交溪主流迫近福安市区，危害极大。1941 年，设立水利委员会，修筑塘堤、水坝，直到 1949 年，未见一处完整的防洪设施。1960 年，省地有关部门多次进行勘测设计规划，1962 年投资兴建坂中渡口以下及龟湖溪一段防洪护岸工程，1963 年又投资兴建街尾段、富春段、洋头段、龟湖段、坂中段，于 1969 年建成，1976 年又投资兴建护岸 610 米。城关防洪堤岸经过多年建设，总长 19.005 千米，保护城区 12 万亩，保护人口 20 万余人。

1998—2001 年间福安市按 20 年一遇防洪标准开展城市防洪工程建设，建成城区防洪堤。

三、福鼎市

（一）桐山陂

北宋庆历年间（公元 1041—1048 年）福鼎当地百姓障海为陂，截留桐山溪和龙山溪的溪水灌溉田亩，以水车溉田，陂名桐山陂。根据描述，工程应该属于拒咸蓄淡的灌溉工程。据万历《福宁州志》记载，桐山陂到明代依然持续发挥灌溉作用，后期工程何时消亡，未有记载。

（二）店下海堤（杨岐海堤）

店下海堤（杨岐海堤）位于福鼎市店下镇牛矢墩，原由横塘、赤屿塘、蚶姆塘 3 处老塘堤绕而成。堤内水闸以上集雨面积 50.18 平方千米，海堤总长 2.05 千米，全线砌石护坡。堤顶高程 11.81~12.25 米（沙埕假定高程），堤顶宽 3.0~3.5 米，保护耕地 1.26 万亩，保护店下镇及邻近 35 个自然村，人口 1.4 万人。

店下海堤始建于明永乐二年（公元 1404 年），由当地俞氏为首发起筑堤，经过历代各村民众同心协力，形成由横塘、面前塘、新塘、下南塘、蚶姆塘 5 个临海围塘绕成的海堤，全长 3454 米，砌石护坡 1504 米，堤高 2~2.7 米。由于旧堤堤线长，堤线曲折，堤身单薄，断面小，标准低，每逢台风海潮，受到不同程度的损坏。分别于 1952 年和 1962 年两次对牛矢墩水闸进行改造，同年对下南塘、蚶姆塘两堤段进行截弯取直。1982 至 1983 年 3 月对海堤全线增设防浪墙，同年 4 月对牛矢墩水闸启闭设备进行更换，并建启闭房。1986 年建蚶姆塘水闸启闭房，经过历年的不断整修加固，店下海堤全线均达到万亩片海堤标准。1991 年，杨岐围垦建成投产，位于店下海堤外侧，总长 1.26 千米，店下海堤的防潮功能由杨岐海堤承担。

（三）溪岗坝

溪岗坝，又名福鼎城关防洪堤工程，位于福鼎县城关东侧，为历代有志之士所重视。

清康熙十四年（公元 1675 年）八月十四日因大水，淹死五百余人。康熙三十八年（公元 1699 年），游击焦云楷巡检令兵民始于溪头编竹叠石筑坝（即溪岗坝）。康熙五十一年（公元 1712 年）八月，福鼎大雨，山水陡涨，冲毁溪岗坝，水淹田园甚众，死者相枕藉。雍正八年（公元 1730 年），州牧张秉纶劝谕重修护城坝（溪岗坝），乾隆九年（公元 1744 年），县令熊煌率绅士游学海、张有华等鸠工砌造石坝，基厚三丈，面宽一丈，高一丈三尺，自七星墩至前店，全长一百四十三丈，城赖以安。乾隆二十四年（公元 1759 年），洪水冲溃护城坝，县令吴寿平、胡建伟先后倡捐重修，并加长一百十丈，北边增长至镇边石牌坊，高厚如旧。咸丰三年（公元 1853 年）六月十八日至二十二日，桐山城内水溢屋檐，唯西门高姓旗杆厝成为避难之所，溺死无数，县治城圮坝崩，此后历加修茸。1942 年 5 月 7 日，成立筑堤浚河工程委员会。筹款、雇匠、征民工，开展筹备工作，工程分两期修复，再从石碑坊增长 600 米至水北溪金山鼻。1943 年 1 月 4 日，县长王道纯率筑堤浚河工程委员会成员黄懋荣、李海、李得光等亲临工地督导，修筑溪岗堤坝。1956 年冬，增建 3 座挑水坝，并进行扩堤和水泥砂浆勾缝等。1960 年 3 号挑水坝被洪水冲毁，1961 年修复并增建 2 座挑水坝。1966 年，对堤身单薄段进行加高培厚，并增设鱼鳞坝 2 座。

1976—1981 年，相继加固。通过历次的整修、改造、加固，提高了抗洪能力，但由于整条堤防均建在深厚的砂卵石基础上，堤身又用砂卵石填筑，堤基无防渗措施，渗漏严重。同时防洪标准只有 5 年一遇，标准偏低，且整个防洪堤为开口型堤防，无防洪效能。1986 年福建省水利规划队进行扩建加固工程规划，拟定新建1839 米长防洪堤，使枫山溪右岸堤防形成完整的防洪堤，并将旧堤按 20 年一遇洪水标准重新填筑砌造。并在内河龙山溪上游新开河道 1400 米，使龙山溪改道，将龙山溪洪水排入桐山溪，以确保城区防洪安全，于 1991 年动工兴建。1993 年完成城关防洪堤一期、二期工程，其中，一期工程为 3188 米旧堤加固、防渗，二期工程建造 2120 米新堤，形成城区段桐山溪右岸的闭口堤防。1997年，龙山溪改道工程开工，1998 年完工。2008 年，为改善福鼎市区交通状况，对桐山溪右岸防洪堤千秋亭至天湖路口段进行拓宽改造，长 2.2 千米，采用钢筋混凝土悬臂梁防洪墙，于 2009 年完建。经过城区防洪堤一、二、三、四期工程等建设，全城区防洪堤达23.66 千米。

四、霞浦县

（一）营田陂

营田陂位于宁德市霞浦县，其工程规模、尺寸等资料不详。

宋开宝年间（公元 968—975 年）初，著作郎王大昉筑霞浦营田陂。宋绍圣年间（公元 1094—1097 年），霞浦知县熊俊明修霞浦营田陂。宋嘉定年间（公元 1208—1224 年），霞浦知县江润祖组织修建营田陂。嘉熙元年（公元 1237 年），王伯大捐献白银五十两，倡修营田陂，并委托县令黄格总管其事，黄格又筹寺院之余租、盐税之留成以资助。在赤岸溪（今称罗汉溪）水磨坑截流，以连环木架为基，砌石三级以壮其势；陂开二门，以疏洪流，边砌护坡，以卫正陂。工程始于淳祐三年（公元 1243 年），次年即告完工，受益农田一千多亩。为纪念王伯大首倡修陂之功，通直郎林甄撰写《修赤岸营田陂记》颂其功德。

（二）三河防洪堤

霞浦三河防洪堤工程位于霞浦城南。

明正德九年（公元 1514 年），知州欧阳嵩对长溪三河曾进行修浚，建桥四座，设吃紧、驷马、金台三闸，采用"障以木柱，织以篾竹，植以榆柳"的结构筑沙堤（用 1.5~2.0 米松木桩，打入临水坡脚基础，露出地面约 1/3，木桩间距 0.5~0.8 米沿堤脚排列，后用绿竹破成 4~8 条不等扁条，编织于木桩上，将其连成整排，织好的竹桩内填入草皮土成为护坡。堤身填沙与木桩平为第一层堤高，填第二层时堤脚往里缩一平台，宽约 60 毫米）。明嘉靖十三年（公元 1534 年）和嘉靖十五年（公元 1536 年），知州周拱与谢廷举分别浚治霞浦北河与重浚霞浦长溪河。明万历十九年（公元 1591 年），分巡道李琯、知州史起钦主持重浚霞浦长溪河。清顺治十八年（公元 1661 年），分巡道周文华、总兵吴万福主持重浚霞浦长溪河。乾隆二十四年（公元 1759 年），知府李拔修筑西山三坝。光绪十年（公元 1884 年），知府余承、邑令陈履益等均先后组织劳力整治，但因工程缺少统一规划与综合治理，屡修屡废。1953 年以城关区为主，组织劳力，着手对三河进行治理，福安专署水利工作队负责勘测设计与施工技术指导，进行河道截弯取直与拓宽河身，加厚河堤，至 1954 年 12 月完工。1963 年，又组织劳力对河道进行清淤，加高堤防，并在玉岩溪上游护城河西关段兴建拦砂坝。1975 年 2 月又在三河下游进行改道扩建工程建设，切断三河与护城河串通，主河道从周家亭至沙头往南移靠南山边，拓宽河床至 30 米，并扩建挡潮排洪闸，于 1976 年 12 月完工。同时每年在冬春季节进行堤防整修加固。1956 年成立管理机构，隶属罗汉溪灌溉工程管理处，1964 年成立三河防洪堤管理所。

五、古田县

（一）焕文渠

焕文渠位于古田县境内，关于工程的记载甚少。

据明黄仲昭《八闽通志》卷五和明王应山《闽都记》卷三十《郡西北古田胜迹》记载："焕文渠，在县治北焕文桥下。堰溪水入渠，西流至新宫前，乃南流过迎仙桥之南；又西流与后河合，复南流至劝农桥之南，乃东流过下桥，以入大溪。盖昔人凿之以为邑之襟带。宣德间，知县张昱尝浚之。"按明黄仲昭《八闽通志》卷三十七记载："张昱，平乐贺县人。由进士宣德间知古田县。疏焕文渠，改杨梅岭路，建鸣玉浮梁，葺城隍祠宇，其他功绩尚多，民为立碑，而附主灵应庙祀之。"时任县长张昱疏浚焕文渠。

（二）寻洋陂

寻洋陂位于古田县，工程记述较少，难以考究。明万历二十三年（公元 1595 年），古田县重建寻洋陂（始建年代不详），长三百七十丈，阔八尺，高三尺五寸。

（三）樟上陂引水工程

樟上陂引水工程，位于古田县松吉乡曲斗溪河流上，引水口以上集雨面积45.5平方千米。建于明万历三十六年（公元1608年），系无坝引水工程。经1984年整修加固，干渠总长25千米，设计过水流量0.3立方米每秒，实灌面积1300亩，并建有水电装机1台，装机容量75千瓦。

第四节　历史治水名人

宁德从黄鞠建设黄鞠渠开始，拉开了水利工程建设、河道治理、地方建设等一系列工程建设的序幕，涌现出了众多的治水名人（表2-1），其中，宋、元、明和清代的治水名人居多。从地区分布来看，霞浦、福鼎和蕉城涌现出的治水名人较多。治水的不仅有官员，还有商人、市民、村民等不同身份和阶层的人参与进来，可谓百花齐放、百家齐鸣。

表2-1　　　　　　　　　宁德市历史治水名人

府（州）县别	人物	职务/职业	时间	主持建设内容
闽浙省	郝玉麟	闽浙总督	清雍正十三年（公元1735年）	奏请从霞浦至古田水口，沿溪大滩七十六处的河心石块予以錾凿，并修纤道，立柱标，经工部议决批建
福宁州	欧阳嵩	知州	明正德九年（公元1514年）	整治霞浦长溪河，建桥四座，设吃紧、驷马、金台三闸，同时"障以木柱，织以篾竹，植以榆树"加固，故将长溪河改称欧公河

府(州)县别	人物	职务/职业	时间	主持建设内容
福宁州	周　拱	知州	明嘉靖十三年（公元 1534 年）	浚治霞浦北河
	谢廷举	知州	明嘉靖十五年（公元 1536 年）	重浚霞浦长溪河
	周文华	分巡道	清顺治十八年（公元 1661 年）	主持重浚霞浦长溪河
	吴万福	总兵	清顺治十八年（公元 1661 年）	主持重浚霞浦长溪河
福宁府	余　承	知府	清光绪十年（公元 1884 年）	整治霞浦长溪河
	陈履益	邑令	清光绪十年（公元 1884 年）	整治霞浦长溪河
霞浦	王大昉	著作郎	宋开宝年间（公元 968—975 年）	筑霞浦营田陂
	马康侯	知县	宋元祐二年（公元 1087 年）	筑斗门闸及东斗门、西斗门
	熊俊明	知县	宋绍圣年间（公元 1094—1097 年）	修霞浦营田陂
	江润祖	知县	宋嘉定年间（公元 1208—1224 年）	修建营田陂
	黄　格	知县	宋嘉熙元年（公元 1237 年）	改建霞浦营田陂
	李　琯	分巡道	明万历十九年（公元 1591 年）	主持重浚霞浦长溪河
	史起钦	知州	明万历十九年（公元 1591 年）	主持重浚霞浦长溪河
	王品宜		公元 1947 年	用 29 千瓦柴油机，用于碾米加工和城区少量昼间照明

宁德黄鞠渠

山区灌溉工程的典范

府(州)县别	人物	职务/职业	时间	主持建设内容
福安	陆以载	知县	明万历年间（公元 1573—1593 年）	筑坝城（西郊水坝前身），万历二十一年（公元 1593 年），改建西郊水坝
	严德冰	知县	清康熙五十六年（公元 1717 年）	重建西郊水坝
	钱洙	知县	清雍正九年（公元 1731 年）	重建西郊水坝
	郭幼述	商人	1919 年	在福安城关龙王庙创办华光电灯公司，用一台 18 千瓦柴油发电机发电，首开闽东境内火力发电之先河
福鼎	焦云楷	桐山营游击	清康熙三十八年（公元 1699 年）	巡检令兵民始于溪头编竹叠石筑坝，即溪岗坝（现福鼎城关防洪堤）
	张秉纶	州牧	清雍正八年（公元 1730 年）	劝谕重修护城坝（溪岗坝）
	熊煌	县令	清乾隆九年（公元 1744 年）	率绅士游学海、张有华等鸠工砌造护城坝（俗称溪岗坝）、基厚三丈，面宽一丈，高一丈三尺，自七星墩至前店，全长一百四十三丈
	王应鲸	知县	清乾隆三十八年（公元 1773 年）	十月，率绅士倡捐重修护城坝。两年告竣，加长新石坝一百七丈五尺，面加宽五尺，加高三尺；并修伏龟数座共七十七丈、阔二丈。此时护城坝全长三百六十丈，面宽一丈五尺，高一丈六尺，基宽如旧（三丈）

府(州)县别	人物	职务/职业	时间	主持建设内容
福鼎	林思斋	商人	1931年	与施容生、颜贻霖等投股兴办"鼎华电灯公司",厂地设在小西湾(现桐北小学),火电装机1台12千瓦
	萨镇冰	国民党海军上将	1934年	抵福鼎沿海赈灾时,在秦屿后岐康湖山下建一处防护海堤,长270米。既可防风御潮,又可做码头。秦屿人民甚为感激,特命名"萨公堤",并树碑纪念之
	王道纯	县长	1943年	1月4日,动工修筑溪岗堤坝,率筑堤浚河工程委员会成员黄懋荣、李海、李得光等亲临工地督导
古田	张　昱	知县	明宣德年间(公元1424—1435年)	疏浚古田焕文渠
	程培才等	村民	1937年	集资在平湖创办发电厂,安装美制"三基罗"发电机1台,容量3千瓦
	熊重道	村民	1948年	用12千瓦木炭机发电,供黄田村照明,成为闽东用电第一村
宁德(现蕉城)	林　奎	市民	宋元祐四年(公元1089年)	林奎与圣泉寺僧养誉倡导百余户围筑西陂塘,复砌以后,内垦田七百四十八顷有奇,其为一方美业,利至溥也。耕种八十余年,及元末盗贼窃发,居民窜匿,水门失守,内涨而溃
	储　淳	知县	宋宣和七年(公元1125年)	重修西陂塘未果

府（州）县别	人物	职务/职业	时间	主持建设内容
宁德（现蕉城）	李泽民	知县	宋淳祐九年（公元1249年）	兴筑东湖塘，又称东陂。筑堤二百余丈，周围九百一十余丈，分为俞、阮两个塘，内建两条各宽三步的道路，称为"李公堤"，后塘堤失修，毁于元末
	白贲	巡按御史	明嘉靖十五年（公元1536年）	倡议修筑西陂塘，参政胡宗明亲临视察，惮于工程艰巨而作罢
	徐兆麟	县令	清乾隆十三年（公元1748年）	倡议围筑东湖，群众积极协助，围了附马塘、酒屿，联猴毛屿至兰屿，筑堤四条，计长八百四十六丈，设水闸二座，乾隆十七年（公元1752年）告竣。乾隆二十年（公元1755年）被大水冲决
	林长源	福州商人	清乾隆十七年（公元1752年）	独自兴建西陂塘，历经七年，临竣工，水冲堤决
	楚文暻	知县	清乾隆二十四年（公元1759年）	围筑东湖塘未成
	谭暮弘	县长	1933年	3月，向省报请围垦西陂塘，增拨钱粮，勘测设计，终因污吏私吞，落得"钱米堆山不见堤"的结局

第三章　黄鞠渠

黄鞠渠是隋代南方山区水利工程的典范，是具有农业灌溉、生活供水、水力加工等综合功能的乡村水利工程，见证了闽东地区的农业开发历史，体现了南北方技术、生活、语言等全方位的融合，具有丰富且浓厚的区域文化特点。根据家谱和地方史料记载，工程始建于公元 7 世纪初，历经几十年，先后建成龙腰渠和琵琶洞（蝙蝠洞）两处引水渠，至迟于 12 世纪工程体系已日臻完善，对当地的经济文化和社会发展发挥了重大作用。

黄鞠渠，自隋唐至现代，虽然在明代因山洪灾害导致霍童溪发生较大改道，水文环境有重大变化，但两处引水工程不断完善，使用至今。

第一节　工程概况

黄鞠渠工程位于宁德市蕉城区霍童镇，地处闽东北最大山脉鹫峰山脉中段东部边缘，东与闽东丘陵地带相接。周边有大童峰、小童峰、狮子峰、仙莱峰、双剑峰等山体环绕，为闽东典型的山间盆地地形。霍童溪为福建省八大水系之一，源于鹫峰山，干流 126 千米，多年平均径流量 24.3 亿立方米，大石溪为霍童溪支流，霍童盆地因霍童溪穿过被一分为二，历史上霍童镇区位于溪左霍童村，因明代年间地震破坏，大、小童峰山体滑坡，造成霍童溪堵塞，致使河道改向东侧，现镇区位于霍童溪左岸。

图 3-1　鞠渠工程渠首航拍图 [1]

图 3-2　水源工程霍童溪 [2]

霍童小盆地被霍童溪分作两部分，右岸石桥洋，左岸松岸洋。霍童狮子峰近旁汇集三条支流：咸村支流、瀛州支流、大石支流，

---

　　[1] 黄鞠渠主水源为霍童溪，右岸龙腰渠主要是利用霍童溪一级支流大石溪的水，左岸琵琶洞是在龙腰渠上游的霍童溪直接引水。
　　[2] 霍童溪水面较为宽阔，霍童镇境内坡度较大。

往下到石桥村时向右一折，直奔炼丹岩下，然后沿大小童峰山脚出霍门口。霍童溪从现在的坂头村起向右突出，划了一个大圆弧，圈上大片沙洲置于左岸。这大片沙洲与文湖、新田、郑厝的田地紧连一片，面积达到五六千亩，是文献记载的松岸洋。

黄鞠渠工程由原谏议大夫黄鞠主持兴建。当时中原动荡，隋炀帝荒淫无道、奸佞当权，谏议大夫黄鞠在其父亲的劝说下萌生了退隐田园的想法，为避免被隋炀帝迫害，从河南固始县迁避福建宁德，定居宁德霍童石桥。当时霍童溪河谷地带一片荒原，农耕水平十分原始。

黄鞠渠工程建成后，两岸渠系长达 10 千米，可灌溉农田 2 万余亩，中原文化在霍童落地生根，与闽东文化不断交汇融合，形成独具特色的文化特征，并且也极大地促进了当地经济社会发展。

千百年来，工程整体结构坚固，虽然明代发生重大地质变化，仍然完整地保存着完好的功效。在引进中原先进农耕文明的同时，黄鞠带领民众植树（松树）造林，维护河岸，形成"九里松岸"；在湖上种植荷花，形成"十里荷香"。到北宋时，霍童河谷地带花团锦簇，人烟稠密，农业发达，环境优美。北宋著名道士白玉蟾等道家名人以及余复、林聪等数百位诗人慕名游历于此，写下大量诗篇，赞美此处风景。北宋道教经典《云笈七签》等曾列天下道家名山，霍童被列为"第一洞天"，这片土地以水利工程之肇始，从而开辟出一方繁荣优美家园。

工程曾有过短暂停水，1961 年恢复通水，增产水稻 3000 余担，闽东日报、福建日报都曾经报道过。1981 年被列入县级文保单位，2001 年省政府批准为省级第五批文物保护单位(改称"霍童涵洞")，2017 年 10 月 10 日黄鞠渠工程列入世界灌溉工程遗产名录，2019

年10月7日黄鞠灌溉工程入选第八批全国重点文物保护单位名单。自古至今，黄鞠渠灌溉工程成为万世景仰、叹为观止、引人入胜的古迹之一。

黄鞠渠的不断完善，促使了当地农业和经济的全面、高速发展。黄鞠把带来的中原农业先进技术进行了大力的推广。相传黄鞠最善于套种，引进优良品种，油菜、麦、豆作为旱地作物，进行间作套种，提高了土地利用率，增加了效益。水利的开发使霍童溪两岸成了万亩良田，再凭借着霍童溪这一内河，成了周边十里的经济中心。溪船下航八都、三都出海，上溯莒州，运出农副产品，运进食盐、海产品、日常用品，往边远的周宁、屏南乃至松溪、政和等地扩散。相传那个时节，霍童商贾云集，商店林立，繁华于一隅。

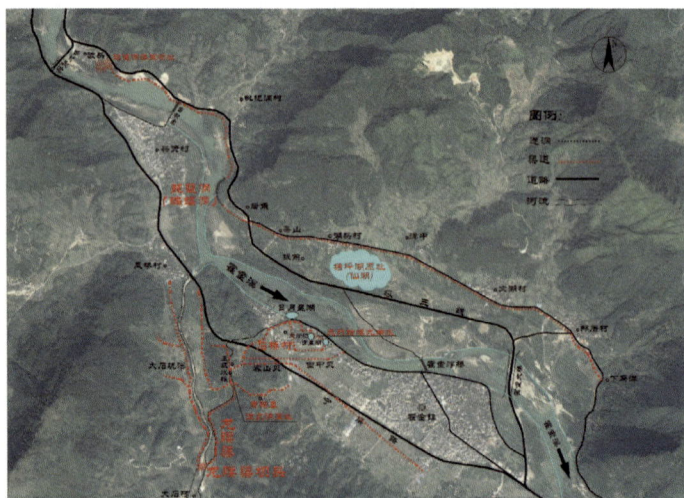

图3-3　黄鞠渠工程系统示意图[①]

①示意图清晰地展示了黄鞠渠工程的主体工程龙腰渠、琵琶洞两大渠系的相对位置关系，完整地呈现了水源、渠首工程、陂塘农田等工程要素，是一项利用山区水源灌溉平原农田的典型工程。

　　工程的创建者黄鞠（公元569—657年），号玄甫，原籍河南光州固始县，精通地理，水利专家。曾任隋朝谏议大夫，以敢言不避权贵而著称于当世。大业九年（公元613年），隋炀帝再征高丽失败，天下大乱，黄鞠辞官入闽，后定居宁德霍童，霍童镇坐落在福建八大水系之一的霍童溪畔。坊间有一传说，黄鞠姑丈朱福让霍地于黄鞠，自己迁至周宁咸村，另立基业。有诗"让洞天功留伟绩，辟桃源泽沛苍生"为证。黄鞠一生功绩，正如石桥黄鞠故里的两副长联所述："忠谏著隋朝万古英名垂史册，肇基兴霍地千秋俎豆荫乡间""立石桥兴水利千秋伟绩，开龙腰凿蝙

图3-4　黄鞠画像

蝠万代昌荣"，为世人传颂。为引水灌溉农田，黄鞠先后在霍童溪南北岸分别开凿龙腰渠及度泉洞（又称蝙蝠洞、枇杷洞），受益耕地面积达数千顷，造福霍童一方百姓。黄鞠在坂头一带，溪流的冲刷面"沉铁牛"、"打铁钎"、垒土墩，建立防洪体系。清朝乾隆四十六年（公元1781年）版本《宁德县志》记载："霍童溪，在十二都……每春夏之交，溪水泛滥，淹没民居，鞠患之，铸铁牛三镇于中流。"黄氏族谱也有鞠公"造铁牛以镇水患，凿龙腰以灌田园"的记载。

第二节　龙腰渠

《宁德支提寺图志》《宁德县志》《福宁府志》《三山志》《福建省水利方志》《闽书》等志书都有龙腰渠建设的文字记载，主持龙腰渠（度泉洞）工程开凿的是隋代谏议大夫黄鞠，但文字记录较为简要。如明何乔远《闽书》卷三十一中记载："黄鞠，隋时为谏议大夫，谏隋帝不听，遂寻阆苑之游，来抵霍童。见其地广衍，遂起明农之意，凿断龙腰，通太湖水，挥指飞来峰塞水口，下铸铁牛镇之。" 清崔嵸纂《宁德支提寺图志》载："度泉洞，在狮子峰右，长里许，高丈余，阔六尺。隋黄公鞠所凿，引泉溉田以济霍童村民，至今祀之。"

农业是开基立业的根本，水利是国家赖以生存的命脉。霍童溪南北两岸有五六千亩的肥沃三角洲，通过改造，可以使三角洲的荒地变成良田，也可以将中原地区先进的施工技术和生产技术引进到闽东一带。摆在面前最现实的问题是缺少灌溉水源，虽然霍童溪水源近在咫尺，但是由于右岸地势较高，霍童溪水位又较低，水资源无法直接利用。隔着一座山梁，霍童溪的第三大支流大石溪从那里经过，要利用大石溪中的水，就需要从山的半腰修凿一条隧洞，将大石溪的水引入右岸田块。黄鞠带着 "只要能发万家香烟，不问代代官贵" 的豪言，破除斩断龙腰断了官运的迷信说法，带领民众开凿龙腰渠。在当时没有石油化工动力的条件下，施工极其困难，工程极其浩大，黄鞠率众昼夜兼作，历时八九年时间，最终凿出了一条一米宽、几米深的水渠。再从上游大石坑修了一千米的引水渠，将霍童溪支流大石溪水引过了山梁。

金鱼池、罗星湖，现湖泊格局基本没变，部分湖泊在原来位置进行了修复。

图 3-5　龙腰渠取水口处（2017 年）[1]

图 3-6　龙腰渠拦河坝（2017 年）[2]

---

[1]龙腰渠取水口位于霍童溪一级支流大石溪上，大石溪的水引入龙腰渠明渠。此处位置从建成至今未发生改变。

[2]龙腰渠取水口位于霍童溪一级支流大石溪，取水口处建有一条长20余米的溢流型拦河坝，枯水期可保障灌溉，丰水期可以溢流泄洪。

图 3-7　龙腰渠干渠上游
（2017 年）①

图 3-8　龙腰渠干渠上游退水处
（2017 年）②

图 3-9　龙腰渠干渠上游支渠分水口
（2017 年）③

图 3-10　龙腰渠干渠中游
（2017 年）④

①大石溪取水口后龙腰渠干渠上游的一段明渠，长 400~500 米，自流引水灌溉。

②龙腰渠干渠上游农田的退水直接进入霍童溪主干流，大多是支渠、农渠灌溉和排水两用。

③支渠分水口上设置一定高度的堰板，按需分水，保证所灌农田有充足水源的同时，不影响下游的正常灌溉需求。

④龙腰渠中游段渠段宽约 1.5 米、深 1 米，两岸用规则不等的乱石块衬砌，坡度较缓，满足自流灌溉且流速较缓。

图 3-11 龙腰渠干渠下游
（2017 年）①

图 3-12 龙腰自然村处所立霍童涵
洞石碑（2017 年）②

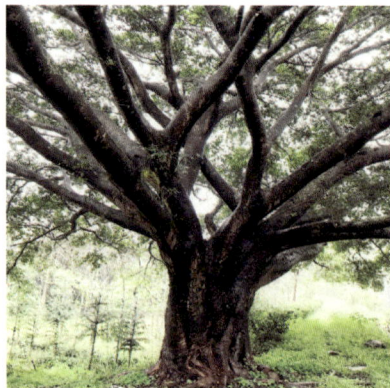

图 3-13 龙腰自然村大榕树处
（2017 年）③

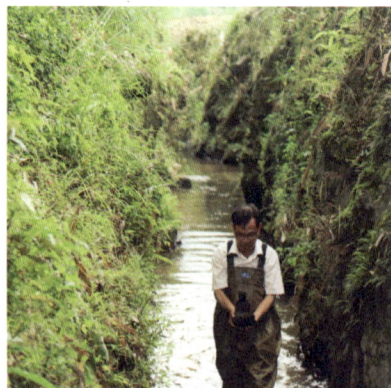

图 3-14 龙腰渠请出石佛
（2017 年）④

①为了满足中游的自流灌溉需求，下游渠道宽度和深度明显加大，宽度 2 米、深度 2~3 米。

②霍童涵洞包括龙腰渠和琵琶洞，是工程申报省级文物保护单位采用的名称，这是立在龙腰自然村头处的石碑，主要介绍龙腰渠。

③大榕树是在龙腰渠干渠末端的一株古树，在龙腰自然村，是龙腰渠建设、发展和传承的见证者和亲历者。

④这是石桥村村长请出保存于渠道下游某处的一尊石佛。主干渠下游的渠道深度和宽度基本达到最大，深约 3 米，宽约 2.7 米，人在渠道中仿佛置身于山丘之中。

图3-15 石佛雕像（2017年）①

图3-16 分水口（2017年）②

图3-17 分水口闸槽③

①石像高21厘米，宽11厘米，原传为36尊佛像，后被盗走。右岸龙腰渠开凿过程中，通过巧妙设置36尊石佛，在宣扬宗教信仰的同时，标志工程进展程度，鼓舞工匠士气。此石佛位于龙腰自然村大榕树处上游。

②龙腰渠干渠在龙腰自然村大榕树处分为两支，一支利用地形灌溉高处农田，一支引水入村，分水口处立有格栅，可以拦截树枝、树叶和塑料袋等垃圾。

③龙腰渠主干渠分水口，闸槽保留较为完整，以前多用多块一定规制的模板进行操作控制进水量。

图 3-18　二级水碓处水车（2017 年）①

图 3-19　五级水碓（2017 年）②

图 3-20　五级水碓（2017 年）③

①在原二级水碓的位置进行了修复，入石桥村的支流水位落差较大，利用水的势能，进行粮食加工。

②五级水碓最后一级水碓所在的位置，该处水碓已经废弃。

③五级水碓处水量较大，水碓安放在正对的房子里面。

图 3-21　水磨上片（2017 年）

图 3-22　水磨下片（2017 年）^①

图 3-23　石桥村渠道（2017 年）^②

图 3-24　石桥村街道（2017 年）^③

---

① 已经废弃的磨盘，存放在五级水碓处的老房子里。
② 渠道沿着街道设置，便于百姓生活取用水。
③ 狭长的街道，水渠依据地形设立，便于村民取用水。

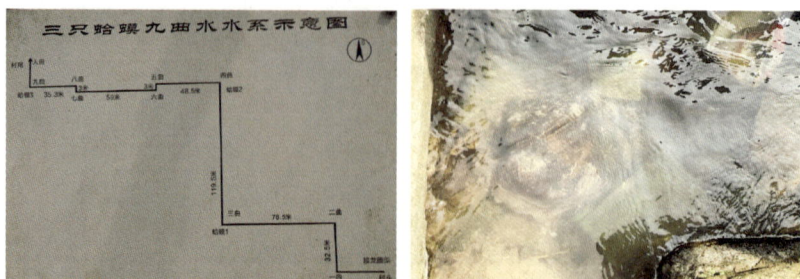

图 3-25　石桥村石蛤蟆（2017 年）①

图 3-26　石桥村妇女在渠道取水洗衣服的场景（2017 年）②

第三节　琵琶（蝙蝠）洞

　　黄鞠在松岸洋凿琵琶洞穿山引水，灌溉面积达"千余顷"。琵琶洞位于仙莱峰山麓，因长期栖息蝙蝠，史上也称蝙蝠洞，是霍童溪左岸引水工程的一段，原上起于渡头村，下止于湖头村，上引霍童溪水，取水口在右岸龙腰渠取水口的上游。沿霍童左岸

---

　　①每个垂直拐弯处都设置一块"石蛤蟆"，用来阻挡急流防止冲刷渠道，同时可以抬高水位，利用分流，便于分段管理。

　　②龙腰渠石桥村支渠不仅满足农田灌溉用水，还为百姓日常生活、消防等提供水源。

山体边缘开渠，多数地段为明渠，少数地段为隧洞。隧洞原有 7 处，明嘉靖十三年（公元 1534 年），因特大山洪暴发致鹤陀岩滑坡，整个山峰裁入溪心堵塞溪流，致原溪河改道，溪流从松岸洋中间冲过。因此，对岸只剩下现在的文湖、新田、湖头、茶山等村，水利工程一度废弃，至今仍留下数段涵洞遗迹。下凿堵平湖（又名仙湖、堵坪湖，原址在今湖头村一带，位于霍童等村上侧方，据清代《宁德支提寺图志》记载，清代时已被填埋造地而无存）。由于洪水的冲刷、公路建设和填湖造田等破坏，现仅存尾部穿凿仙莱峰山体而成的引水隧洞一段，外连洞外小部分引水明渠。

黄鞠渠工程左岸琵琶洞渠系，是通过采用"火烧水激凿石工法"在坚硬的花岗岩上凿穿百余米隧洞。千余年来，尽管有坍塌，但该处水利直到 20 世纪 50 年代还为当地民众充分利用，1956 年在琵琶村建成了闽东首座水轮泵，1961 年再次改造扩建，琵琶洞隧洞仍被作为引水渠使用，并延伸引水至郑厝村尾；2000 年在琵琶洞尾部右侧建成电灌站，下游明渠引水渠依然作为干渠使用，并持续至今，持续起着农田灌溉功能。

琵琶洞渠系。上游引霍童主溪水入渠，渠长约 7000 米，至琵琶洞岩角石崖，凿数段石洞，今存五段，总长 77 米（长度分别为 12 米、5 米、37 米、9 米、14 米），洞高 2.41 米，宽 1 米左右，横截面呈不规则椭圆形。琵琶洞与下游明渠渠首处是险工段，存在明显高差，沿霍童溪一侧设有排沙孔，便于清淤和排沙。引水蓄水成湖（堵平湖），灌溉良田两万亩。后堵平湖淤平及河道改道，灌溉面积减少，今灌溉面积仍有 4000 多亩。主要包括琵琶洞、文湖、湖头、郑厝四个建制村。

图 3-27　琵琶洞取水口遗迹（2017 年）[1]

图 3-28　琵琶洞上游渠道（2017 年）[2]

---

[1] 此处经福建省考古专家鉴定为原琵琶洞渠系的取水口处，由于明嘉靖十三年（1534年）地震损毁，霍童溪被迫改道，取水口下切废弃。

[2] 地震后，琵琶洞渠系取水口震毁，这是琵琶洞前段水渠遗存。

图 3-29　琵琶洞 1 号洞入口处（2017 年）[1]

图 3-30　琵琶洞 1 号洞
（2017 年）[2]

图 3-31　琵琶洞 2 号洞
（2017 年）[3]

[1] 1 号洞入口处设置有台阶，便于进入隧洞。

[2] 现存 1 号洞，洞内规则排列着碎石块，便于对渠道进行维护。隧洞长约 12 米，高约 2.4 米，宽约 0.9 米。

[3] 现存 2 号洞，隧洞长约 5 米，是现存最短的一段隧洞，高约 2.4 米，宽约 0.9 米。

103

图 3-32　琵琶洞 3 号洞（2017 年）[1]

图 3-33　琵琶洞 4 号洞（2017 年）[2]

图 3-34　琵琶洞 5 号洞
（2017 年）[3]

图 3-35　琵琶洞集聚大量蝙蝠
（2017 年）[4]

[1]现存 3 号洞，隧洞长约 37 米，是最长的一段隧洞，高约 2.4 米，宽约 0.9 米。

[2]现存 4 号洞，隧洞长约 9 米，高约 2.4 米，宽约 0.9 米。

[3]现存 5 号洞，隧洞长约 14 米，高约 2.4 米，宽约 0.9 米。洞内规则排列着碎石块，便于对渠道进行维护。

[4]琵琶洞，又名蝙蝠洞，因洞内光线较暗，易集聚大量蝙蝠而得名，部分涵洞内集聚罕见的白色蝙蝠。

图3-36 琵琶洞顶部细节（2017年）[1]

　　据乾隆版《宁德县志》记载，霍童溪水患频繁，最为严重的一次发生在嘉靖二年（公元1523年），由地震引发大洪灾，一时间，小童峰前面高耸的鹤陀岩出现滑坡移位，整个山峰栽入霍童溪心，巨大的泥石流堵塞了溪心河床，溪流受到阻扼不能泻泄，猛涨的洪峰改道冲决而下，像一把巨剑把松岸洋从中部劈开，夷三十六村为平地，雄伟的道教建筑鹤林宫、十里桃花洲美景……尽荡洗而无遗。这次陵迁谷移的大动荡，毁灭性的大灾难，摧毁的是数十代鞠公后裔艰难辛苦建立的美丽家园，无论属于社会、属于自然的一切都损失惨重。霍童溪改道直流奔向霍门口而下，形成现在彼岸——残缺的松岸洋，只剩下文湖各村面前带形耕地，松岸

---

　　①琵琶洞顶部留有火烧水激开凿隧洞留下的痕迹，顶部的裂缝是施工过程的见证，是隧洞工程最美的印记。火烧水激是利用岩石热胀冷缩的原理，用烈火灼烧后在它最烫的时候突然用冷水浇，使岩石变得非常脆弱。火烧水激是山区建设水利工程经常使用的技术手段，是简单易行、经济实用的方法。使用"火烧水激"法开石或采矿是我国古代的常用方法，火烧水激法也叫火龙法、火门法，俗称烧火龙或烧火门。

洋消失了。

图 3-37　琵琶洞排沙口险工处所立
石碑（2017 年）[1]

图 3-38　水轮泵遗址[2]

第四节　陂池农田

黄鞠渠工程体系主要包括右岸龙腰渠、左岸琵琶洞渠系两大灌溉系统，每个灌溉系统都由完备的干支斗农渠、调蓄陂池和农田组成。田间的各级渠道、水道、渠道分水口、陂塘等构成了完善的田间渠系。灌区内主要种植作物为水稻、茶树、枇杷等。

目前黄鞠灌溉工程渠系长度约 10 千米，灌溉面积达 2 万多亩（1333.3 公顷），涉及凤桥村、兴贤村、石桥村、现霍童村、湖头村、文湖村、郑厝村、枇杷洞村（沿溪部分土地）和原霍童村等多个村落。

---

①霍童涵洞包括龙腰渠和琵琶洞，是工程申报省级文物保护单位采用的名称，这是在琵琶洞排沙口险工处所立的石碑，主要介绍琵琶洞。

②1956 年在枇杷村建成了闽东首座水轮泵，1961 年再次改造扩建，琵琶洞隧洞仍被作为引水渠使用，并延伸引水至郑厝村尾。水轮泵已经拆除，仅留部分管道和渠道。

除了引水渠之外，黄鞠还主持开凿了用于蓄水的仙湖（又称堵平湖、堵坪湖），灌溉土地千余顷。如宋梁克家《三山志》载："霍童里，黄大夫湖旁。"现存的主要陂塘包括日湖、月湖、星湖、砚池、金鱼池、罗星湖等，主要起到调蓄和消防作用，调节局部小气候。

图 3-39　龙腰渠高处支渠（2017 年）[①]

---

①位于龙腰自然村大榕树处，龙腰渠分两支，一支通向高处的凤桥村。

图 3-40　龙腰渠支渠（2017 年）[1]

图 3-41　龙腰渠农渠（2017 年）[2]

----

[1] 大部分支渠都是梯形，两岸和渠底采用水泥砂浆进行了衬砌。

[2] 目前灌区内绝大部分都是采用自流灌溉的方式，一般只对干、支渠进行衬砌，农渠一般采用土渠。

图 3-42　闸门（2017 年）[1]

图 3-43　水稻田（2017 年）[2]

---

[1]支渠大多数沿用传统的木闸板进行分水，通过启闭闸板控制分水量的多少，是一种简单易行的控制方式。

[2]灌区内主要种植的粮食和经济作物为水稻、茶树、枇杷等。这是育苗后插秧不久的稻田。

图 3-44　田间水塘（2017 年）[1]

图 3-45　日湖（2017 年）[2]

---

[1]田间水塘一般汇集降水或者渠道退水,可以有效补充灌溉水源,也具备调节局部小气候的生态环境功能。

[2]按照文献记载复原后的日湖,规模较原有湖泊小。

图3-46 月湖（2017年）①

图3-47 星湖（2017年）②

①按照文献记载复原后的月湖，规模较原有湖泊小。
②按照文献记载复原后的星湖，规模较原有湖泊小。

图 3-48　石桥村砚池（2017 年）①

图 3-49　罗星湖（2017 年）②

①砚池位于石桥村中，主要起到消防、景观和补充灌溉用水的作用。

②罗星湖位于石桥村中龙首堂前，主要起到消防、景观和补充灌溉用水的作用，村内渠道汇集到罗星湖后，再进入下游农田继续分水灌溉。

图 3-50 琵琶洞下游干渠 [1]

第五节 乡村水管理及其演变

黄鞠灌溉工程自隋末始建至今，虽然是黄鞠自筹资金带领家族兴办的工程，但由于工程带来了极大的经济效益和社会效益，就有富豪抢夺水源，不得已政府出面主持大局。工程属于非常典型的官督民办管理类型，即民间自筹修建、政府参与管理。平时

---

① 琵琶洞上游部分由于没有稳定的水源，基本废弃，目前中下游的渠道依然在持续使用。中游有山溪水汇入，可继续为中下游农田提供灌溉水源。

工程主要由民间管理使用，负责工程的日常维护和修缮，以及按照规定进行分水和用水，如果遇有需要处理水事纠纷等事件发生时，一般地方政府会出面进行干预，维持正义。自隋至今，右岸龙腰渠渠系和左岸琵琶洞渠系在科学、合理、有效的管理下，工程持续发挥作用。特别是 1949 年后，当地乡镇成立水利工作站，对用水加强了管理。

一、管理沿革

宁德水利的管理一向较为严格，宋元时期对工程都有较为严格的管理制度。

治平三年（公元 1066 年）年末，遵朝廷旨下文告凡陂泽之地不得壅塞侵耕妨碍蓄水疏流，并令州县分派"乡耆"逐季巡查，不纵容侵耕；告发者按侵耕面积，每亩赏钱三千，以犯事人家财充给，并将侵耕所得地利入官；违者有关官吏及侵耕者，以违制之罪处罚。

政和元年（公元 1111 年）三月，解除陂、湖、塘、泊之禁，任民汲引灌溉，允许近水村民渔禾，不得再按原规定，仅供以纳助学费为名的人户专用，违者监司应纠劾上报。

绍兴八年（公元 1138 年），遵朝廷旨调查陂、塘、埭等，备册记载，委托当地有名望的人主持兴修，由受益户出钱谷工料，县官罢任应将所兴修的水利书于"印纸"，酌量旌赏，并由各路常平司委知州办理上报。

绍兴二十三年（公元 1153 年）四月，遵朝廷旨以州县的陂、湖本作蓄水以备灌溉，近年多被大户侵占，各州县应加处理、上报。

绍兴二十九年（公元 1159 年）九月，遵朝廷旨不得将蓄水之地，泄水耕种。

乾道九年（公元 1173 年）十一月，调查水利设施情况，要求加强维修复理，对地方官在水利方面的政绩优奖劣惩。

元至元二十三年（公元 1286 年），颁布立社社规。其中一款规定：河渠之利，各地应由正官一员，偕知水利人员，以时浚治。如别无违碍，许民量力自行开引地高水。不能上者，命造水车。贫不能造者，官给车材，鼓励扶助民众修水利。

由于黄鞠渠工程具有稳定的水源，在没有发生工程损毁的情况下，工程的管理更多是体现在田间用水管理上。黄氏族谱中有一首"龙腰渡水"古诗记载，"一派周流应不滞，千畦分荫自无偏"，为保证公平用水，灌溉的同时需要保证干渠不断流，以有效地避免因为断水引起的争水纠纷。

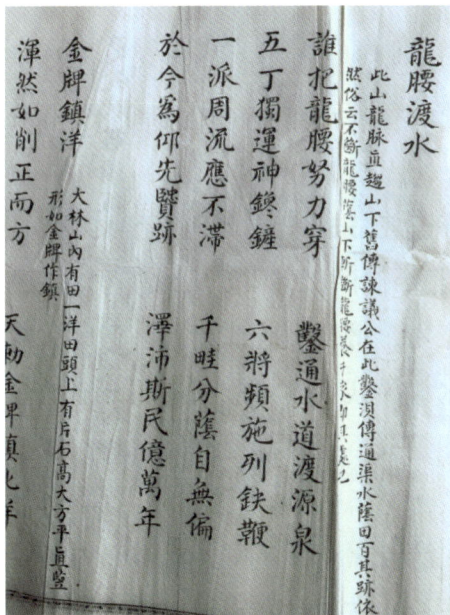

图 3-51　清嘉庆年间黄氏宗谱中关于用水管理的记载①

①《龙腰渡水》："谁把龙腰努力穿，凿通水道渡源泉。五丁独运神镶铲，六将频施列铁鞭。一派周流应不滞，千畦分荫自无偏。于今为仰先贤迹，泽沛斯民亿万年。"这首诗主要是赞美龙腰渠的创建者经历千辛万苦，鬼斧神工造就现在的工程，其中"一派周流应不滞，千畦分荫自无偏"明确规定了不能随便截断水流，要保证周边的农田都得到充分的灌溉。

民间对灌溉工程的管理，延续着祖辈制定的管理模式，除每年清淤疏浚之外，石桥村对水源的使用有严格的管理规定，要求保持渠道的水清洁，不准倾倒垃圾。这种良好的用水传统沿用至今。

目前，黄鞠灌溉工程由宁德市蕉城区水利局和宁德市蕉城区霍童镇人民政府共同管理，负责工程的日常养护。

二、水事纠纷案例

由于黄鞠灌溉工程的建成，荒野变良田，经济利益的驱使，难免会起争端，危及百姓生命财产安全。为了避免、处理此类纠纷，政府多来干预、规范管理。

据《三山志》和《八闽通志》等记载：宋淳熙二年（公元1175年），有请佃者，以其妨民，不许。宋县令储淳叙诗：咫尺仙湖号堵平，先贤曾此劝农耕。若教一日归豪右，敢向黄公庙下行。意即宋淳熙二年，有人想侵占琵琶洞引水渠沿线的蓄水陂池造田，当地政府出面制止，不允许破坏工程，禁令不得在湖之高处耕种，以妨碍水利。

据《鲁国颜氏族谱》记载：清乾嘉之际，龙腰渠被邻村黄某等人拦腰截断，水被强行引为石碓（古时磨坊舂米、榨油工具）之用，霍童村民章奋南等人去县衙状告邻村黄某等人，"于圳旁，筑水碓，有碍田禾等因。"宁德知县"亲临该地踏勘"之后，于嘉庆元年五月初八日做出《水圳禁示》，判词曰："黄来弟等不应将万姓田亩之水，以利一己水碓之私，利己病人，殊属不法。除押定折毁水碓，填塞分圳，仍复旧址。"又言"诚恐再有无知乡渠，顾一己之私，又踏前辙，不忍不教而诛，合行给示勒碑申禁，以垂久远。且查该处自隋朝谏议大夫黄公开穿龙腰，疏通圳道，惠民兴利，功莫大焉！”当时，此碑就立在霍童中棋盘。

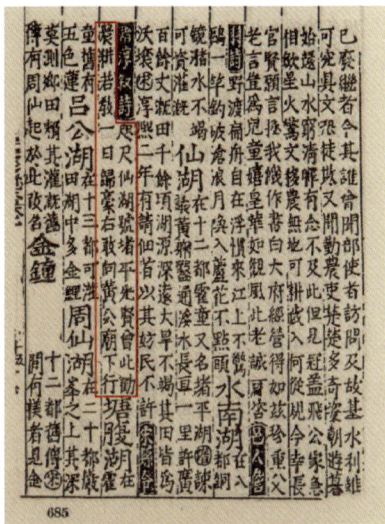

图 3-52 宋《三山志》①

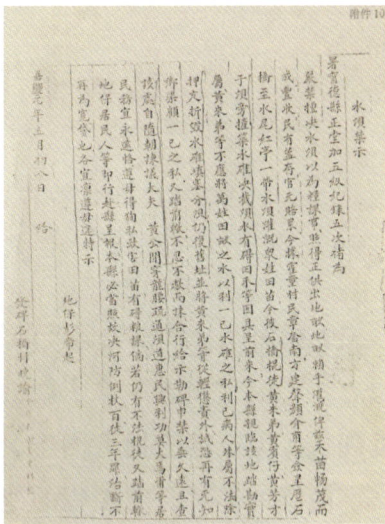

图 3-53 《水涧禁示》②

---

① 《三山志》记载：宋淳熙二年，有请佃者，以其妨民，不许。

② 《水涧禁示》是嘉庆元年五月初八日所立碑文，主要内容是：严禁擅决水涧以为粮课事，照得正供出地亩，地亩赖乎灌溉。俾兹禾苗畅茂而成丰收，民有盖存官无赔累。今据霍童村民章奋南、方建声、颜介甫等众呈，历石桥至水尾红亭一带水涧，灌溉众姓田苗，今被石桥棍徒黄来弟、黄宝仔、黄芳才于涧旁擅筑水碓决截涧水，有碍田禾等因具呈前来。今本县亲临该地踏勘，实属黄来弟等不应将万姓田亩之水以利一己水碓之私，利己病人，殊属不法。除押定折毁水碓，填塞分涧，仍复旧址，并将黄来弟等从轻处责外，诚恐再有无知乡渠，顾一己之私，又踏前辙，不忍不教而诛，合行给示勒碑申禁，以垂久远。且查该处自隋朝谏议大夫黄公开穿龙腰，疏通涧道，惠民兴利，功莫大焉！尔等居民务宜永远恪遵，毋得徇私致害田苗，有碍粮课，倘若仍有不法棍徒又踏前辙地保居民人等，即行赴县呈报，本县必当照故决河防例杖百徒，三年罪治，断不再为宽贷也。各宜凛遵毋违。特示。

第四章 文　献

第一节　地方志

关于黄鞠渠及其相关遗产的文献，主要包括《福宁府志》《八闽通志》《福宁州志》《宁德县志》（明嘉靖、明万历、清乾隆和近现代）《宁德支提寺图志》《福建省水利方志》，等等。虽然文字简练，但对研究工程的建设、发展等过程起到至关重要的支撑作用。

一、八闽通志

据明弘治三年（公元1490年）《八闽通志》卷二十四《食货·水利》记载："仙湖，堵平湖，塘腹塘，州志但作'仙湖'，今按《三山志》旧在修，在县北十二都，隋谏议黄菊（注：鞠）创。其长亘一里许，广百有余丈，引大溪之水，溉田千余顷。湖源深远，岁旱不竭，其田为霍童沃壤。宋淳熙二年，有请佃者，官以其妨民不给。知县储淳叙诗："咫尺仙湖号堵平，先贤曾此劝农耕。若教一日归豪右，敢向黄公庙下行。"卷六十《祠庙》记载："谏议大夫庙，在县西十二都霍童山下。隋大业中，谏议大夫黄鞠尝垦山之荒壤为田，而凿山通涧水以灌溉之。后乡人感其德，建祠庙祀焉。"

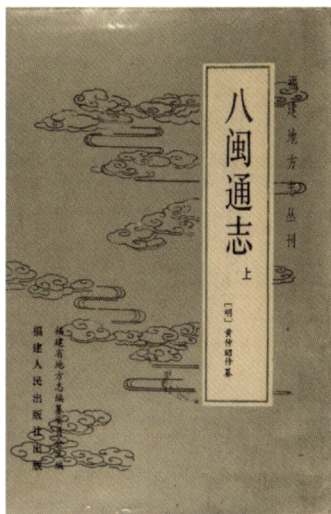

图4-1 《八闽通志》

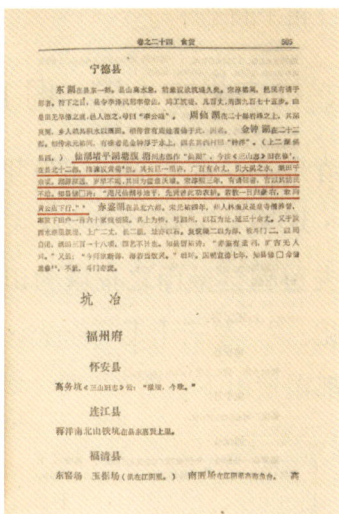

图4-2 《八闽通志》文字记载

二、闽书

据明万历四十八年（公元1620年）何乔远版本《闽书》卷三十一《方域志》记载："霍童山……旧有太湖，黄谏议指塞之。谏议名鞠，隋时为谏议大夫，谏隋帝不听，遂寻阆苑之游，来抵霍童。见其地广衍，遂起明农之意，凿断龙腰，通太湖水，挥指飞来峰塞水口，下铸铁牛镇之。""仙湖，在霍童。又名堵坪湖。隋谏议大夫黄鞠凿通溪水，长亘里许，广百余丈，灌田千余顷，皆为沃壤。宋淳熙二年，有请佃者，邑令储淳叙诗：'咫尺仙湖号堵平，先贤曾此劝农耕。若教一日归豪右，

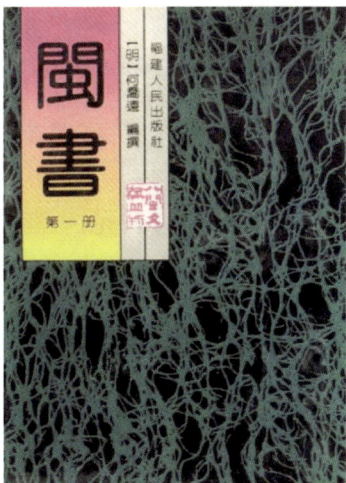

图4-3 《闽书》

119

敢向黄公庙下行？' ”

三、福宁州志（天一阁）

据清光绪六年（公元1880年）李拔版《福宁州志》卷三十四
《杂志·坛庙》记载："谏议大夫庙，在霍童山下。隋大业中，
谏议大夫黄鞠尝垦山之荒壤为田，凿涧以灌溉之。乡民义其德，
立庙以祀。" 卷三十七《杂志·宅墓》："隋谏议大夫黄鞠墓，
在十二都霍童山下。"

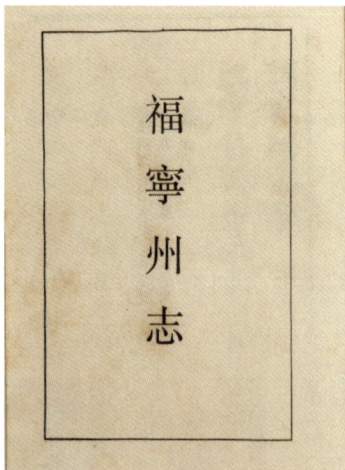

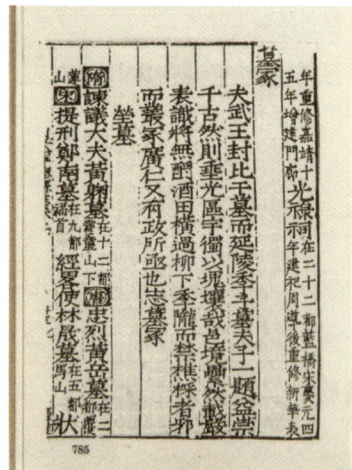

图4-4 《福宁州志》　　图4-5 《福宁州志》文字记载

四、宁德县志

《宁德县志》是版本较多的志书，有明朝嘉靖十七年（公
元1538年）和万历十九年（公元1591年）的版本，清朝有乾隆
四十六年（公元1781年）版本，还有1930年的版本。

据明嘉靖十七年（公元1538年）闵文振版《宁德县志》卷一
《山川》记载："仙湖，在十二都霍童，又名堵平湖。隋谏议大夫黄鞠凿通溪水，长亘一里许，广百余丈，灌田千余顷。湖源深远，大旱不竭，其田皆为沃壤。宋淳熙二年，有请佃者，以其妨民，不许。宋县令储淳叙诗："咫尺仙湖号堵平，先贤曾此劝农耕。若教一日归豪右，敢向黄公庙下行。"

卷二《祠庙》记载："谏议大夫庙，在十二都霍童山下。大夫黄鞠，隋大业中有垦田兴水利之功。乡人感其德，庙祀之。"

卷二《墓冢》记载："谏议大夫黄鞠墓，在十二都霍童山下。"

据明万历十九年（公元 1591 年）陈琯版《宁德县志》卷一《舆地志·山川》记载："仙湖，在十二都霍童，又名堵平湖。隋谏议黄鞠凿通溪水，长亘一里许，广百余丈，灌田千余顷。湖源深远，大旱不竭，其田皆为沃壤。宋淳熙二年，有请佃者，以其妨民，不许。宋县令储淳叙诗："咫尺仙湖号堵平，先贤曾此劝农耕。若教一日归豪右，敢向黄公庙下行。"

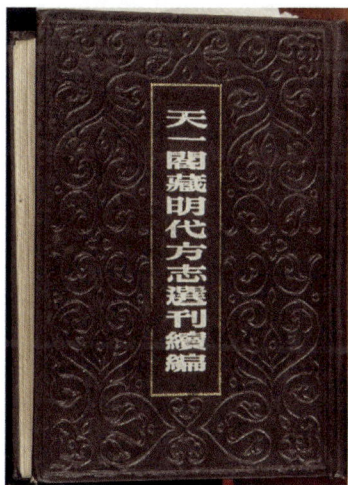

图 4-6　明代天一阁版本
《宁德县志》

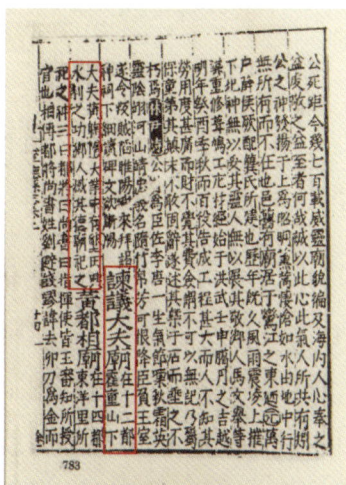

图 4-7　《宁德县志》
文字记载一

卷一《建置志·坛庙》记载："谏议大夫祠，在十二都霍童

洞天山下。祀隋谏议大夫黄鞠。大业中垦百顷，凿灞筑湖，大兴水利，乡人乐，利感德，乃建庙祀之，春秋祈报云。"

卷一《建置志·茔墓》记载："谏议大夫黄鞠墓，在十二都霍童山下。"

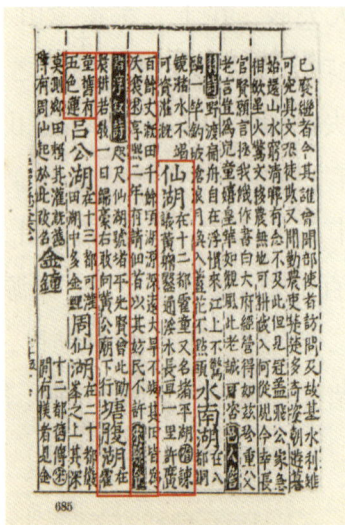

图 4-8 《宁德县志》
文字记载二

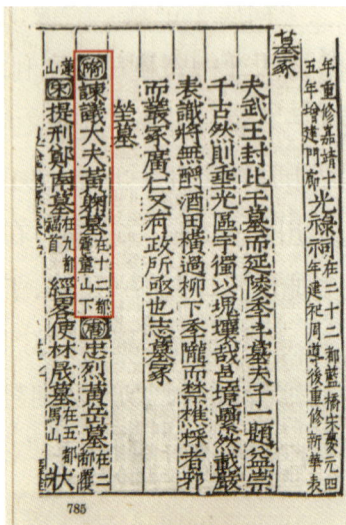

图 4-9 《宁德县志》
文字记载三

五、三山志

据宋淳熙九年（公元 1182 年）梁克家版《三山志》卷三《地理·叙县》记载："霍同里，黄大夫湖旁。程党渡、霍山井。'霍童山中，广五丈，相传中有海鳅，久晴升之为雨，久雨升之必晴'。"卷十六《版籍·水利》记载："仙湖、堵平湖、塘腹湖，会小溪水。隋谏议黄公创，溉田千余顷。

图 4-10 《三山志》

淳熙二年，有请佃者。官以其妨民，不给，仍按获。储知县诗云：‘咫尺仙湖号堵平，先贤曾此劝农耕。若教一日归豪右，敢向黄公庙下行。’”

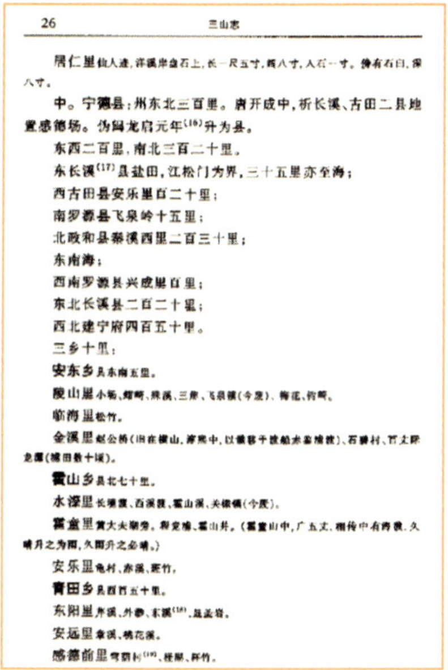

26　三山志

居仁里仙人迹，在溪岸盘石上，长一尺五寸，阔八寸，入石一寸。

中。宁德县：州东北三百里。唐开成中，析长溪、古田二县地置感德场。伪闽龙启元年(16)升为县。

东西二百里，南北三百二十里。

东长溪(17)县盐田，江松门为界，三十五里亦至海；

西古田县安乐里百二十里；

南罗源县飞泉岭十五里；

北政和县蔡溪西里二百三十里；

东南海；

西南罗源县兴盛里百里；

东北长溪县二百二十里；

西北建宁府四百五十里。

三乡十里：

安东乡县东南五里。

陂山里

临海里松竹。

金溪里

霍山乡县北七十里。

水漈里

霍童里

安乐里

青田乡县西百五十里。

东阳里

安远里

感德前里

图 4–11　《三山志》关于霍童里的文字记载

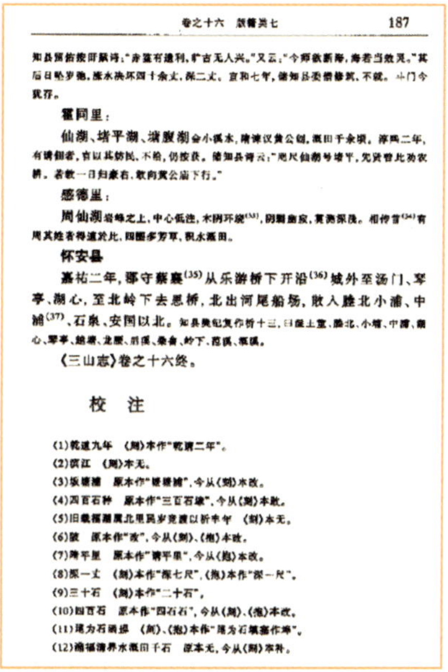

卷之十六　版籍类七　187

霍同里：

仙湖、堵平湖、塘腹湖会小溪水，隋谏议黄公创，溉田千余顷。淳熙二年，有请佃者，官以其妨民，不给，仍按获。储知县诗云：“咫尺仙湖号堵平，先贤曾此劝农耕。若教一日归豪右，敢向黄公庙下行。”

感德里：

周仙湖

怀安县

嘉祐二年，郡守蔡襄(35)从乐游桥下开沿(36)城外至汤门、翠亭、湖心，至北岭下去思桥，北出河尾船场，散入膛北小浦、中浦(37)、石泉、安国以北。

《三山志》卷之十六终。

校　注

(1)乾道九年　《闽》本作“乾道二年”。

(2)濒江　《闽》本无。

图 4–12　《三山志》对仙湖、堵平湖的文字记载

六、宁德支提寺图志

据清康熙八年（公元 1669 年）崔嵸版《宁德支提寺图志》卷一《洞》记载：“度泉洞，在狮子峰右。长里许，高丈余，阔六尺。隋黄公鞠所凿，引泉溉田以济霍童村民，至今祀之。两岸松风、溪沙一带景最佳。”

卷一《湖》记载：“仙湖，在霍童。今为田。一名长湖。黄鞠凿，铁錾尚存。”

卷三《仙》记载：“黄鞠，隋谏议大夫也。炀帝时，上疏直言，

帝不纳，拂衣方外。至霍童，喜其山水，卜居焉。生二女曰丹鸾，曰碧凤。后修真仙□□□地利凿石龙，腰通巨洞，沃溉村田数十顷。铸三铁牛，以镇水患，村民赖之。庙祀于乡，俎豆不衰。"

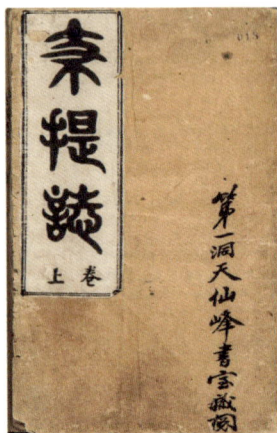

图4-13 《宁德支提寺图志》　图4-14 《宁德支提寺图志》关于黄鞠的记载

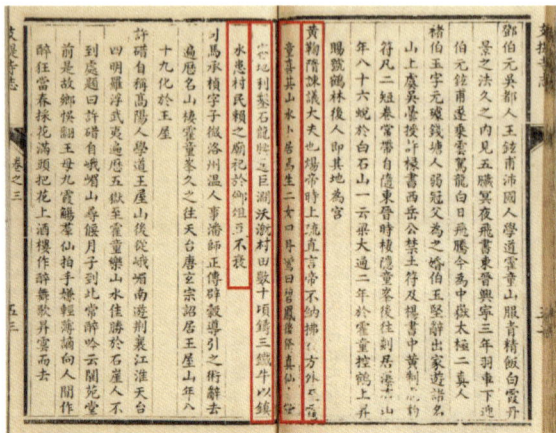

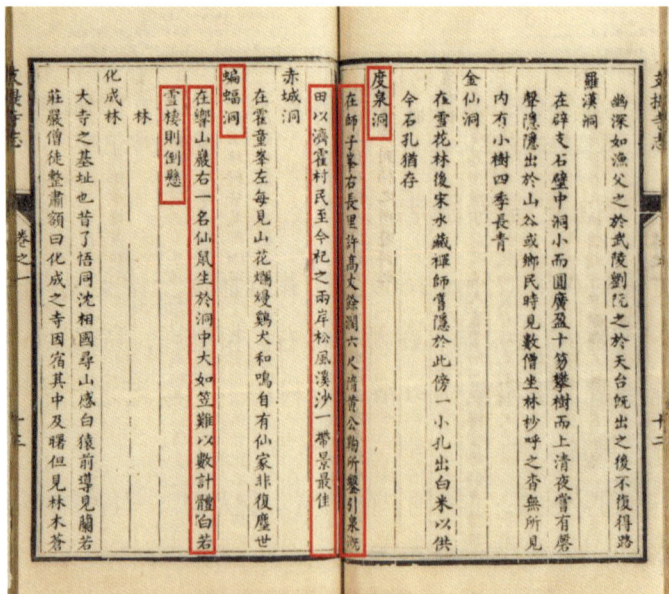

图4-15 《宁德支提寺图志》关于度泉洞和蝙蝠洞的文字记载

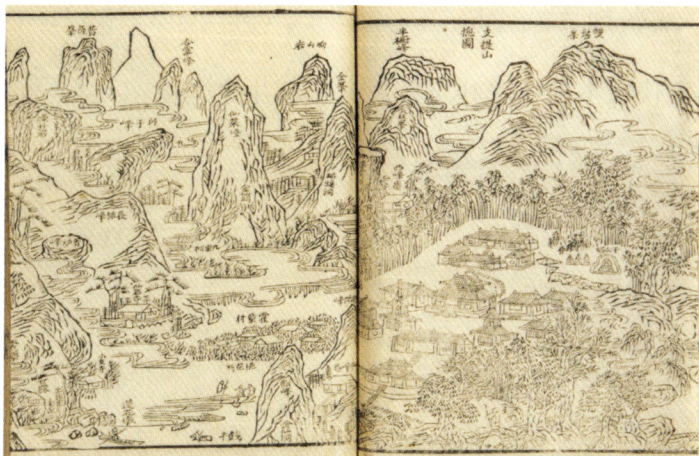

图 4-16 《宁德支提寺图志》中记载的霍童村周边地形图

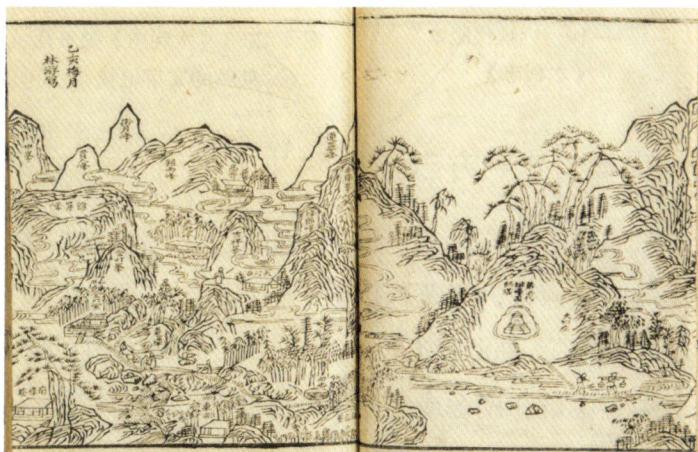

图 4-17 《宁德支提寺图志》中描绘的支提寺地形概略

图 4-18 《宁德支提寺图志》拼图

七、水利志

近现代版本的《水利志》，有几口井的记载。

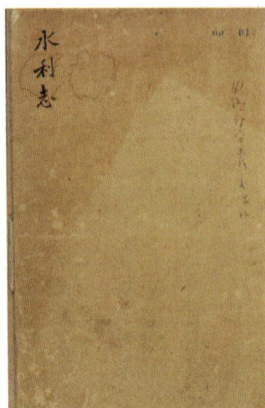

图 4-19　近现代版本
《水利志》

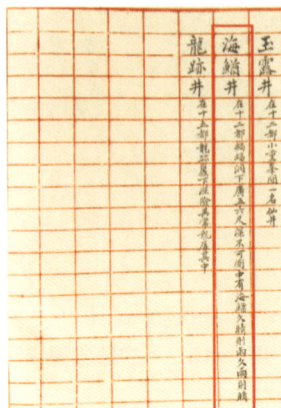

图 4-20　《水利志》关于几
处井的文字记载

八、福建省水利方志

据《福建省水利方志》记载："仙湖又名堵坪湖，在十二都霍童松岸洋，隋谏议大夫黄鞠创凿，长里许，广百余丈，引大溪来水，溉田千余顷。湖源远流长，岁旱不竭，附近之田，尽成沃壤。宋淳熙二年有申请在湖旁或湖之高地处耕种，当时官府以其有碍水利，不准。知县储淳叙有诗咏此事：咫尺仙湖号堵平，先贤曾此劝农耕。若教一日归豪右，敢向黄公庙下行。"

九、宁德市志

《宁德市志》（1995 年）卷三十二《人物》记载："黄鞠号玄甫，原籍河南光州固始县，后移居霍童石桥。官任隋朝谏议大夫。黄鞠系隋隆公之子。时，隋炀帝贪逸暴政，造龙舟下扬州看琼花，

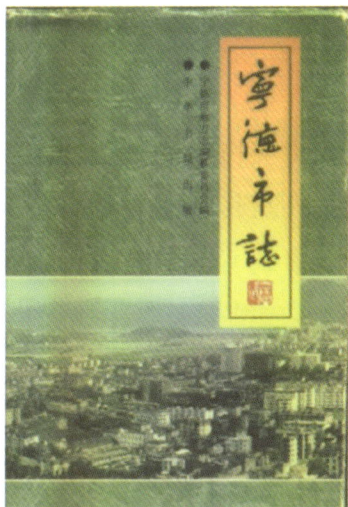

图4-21　《宁德市志》

工程庞大，百姓受残。隆公进宫面谏，隋炀帝不听，把隆公拘禁天牢。在牢中隆公嘱咐儿子：帝非明君，吾当尽职，尔等兄弟，应遣散他乡，以免后患无穷。不久，隆公于隋大业九年（公元613年）九月初九日遇害。是年，黄鞠遵父命，携眷属入闽，避居宁德。先居七都，后迁咸村（今属周宁县）。次年，与开发石桥的朱福'易地而居'。从此，黄鞠立石桥，开童山，建霍地。当时霍童一片荒芜，杂木丛生，良田少有，人民生活极其困难。黄鞠凿龙腰、开水渠，并在霍童溪对岸凿琵琶洞，引水灌溉东北过溪坂千顷田地。黄鞠通地理，是当时的水利专家。为避免水、火灾害发生，在石桥企头下开凿三湖，名曰'日、月、星'；在村尾故居门前开罗星湖；在宗厅门首开池二个，即'砚池、金鱼池'。开坝引水经村中而过，水转九曲，流入田中。既防火患，又能利用村中三方水以肥田。至今石桥村水坝之水，就是从龙腰引入，灌溉良田百亩，而且利用水力开发五级水碓。黄鞠把中原文化引进霍童，始创'二月灯节'。每年二月，迎龙灯、拉线狮、踏橇、敬酒，连续活动若干天。黄鞠和移迁咸村的朱福，还把河南方言融入当地语言。南起霍童，北至咸村，西达洪口，形成独特的霍童方言。"

第二节　碑刻及家谱

碑刻和家谱是用来佐证工程历史的宝贵文物，关于黄鞠渠的碑刻较少。家谱方面，黄氏族谱对黄鞠其人及其建设龙腰和蝙蝠洞都有记载。

一、碑刻

见于文献的碑刻目前发现的较少。清乾嘉之际，处理争水纠纷的《水凇禁示》，按照《鲁国颜氏族谱》记载，碑立在霍童中棋盘，但已下落不明。

据清光绪六年（公元1880年）李拔版《福宁州志》卷三十七《杂志·宅墓》："隋谏议大夫黄鞠墓，在十二都霍童山下。"据明

图 4-22　黄鞠陵园 [1]

---

[1] 该墓在《福宁府志》《宁德县志》《宁德市志》以及黄鞠后裔宗谱史料中均有明确记载。1980年宁德县人民政府批准为第一批文物保护单位，位于石桥村企头下古榕树边，立有文物保护石碑一面。1990年黄氏族人重修。

图 4-23　黄鞠墓碑[①]

图 4-24　黄鞠陵园界碑[②]

[①] 黄鞠陵园最上方黄鞠墓碑。黄鞠于唐显庆二年（公元 657 年）寿终，享年 89 岁，葬于洞天山脉彭童山墓亭里。

[②] 鞠公被尊为霍地开山主，没，葬于彭童山之麓，楷书题曰：户部黄公之茔。计一亩二角二十步。此界碑是界定其陵园占地面积的，碑高 1.47 米，宽 0.41 米，厚 0.10 米。

129

万历十九年（公元 1591 年）陈琯版《宁德县志》卷二《墓冢》记载："谏议大夫黄鞠墓，在十二都霍童山下。"目前，黄鞠陵园内黄鞠墓碑保存良好。

《村规民约》碑刻，虽然是 2002 年才立，但是可以看到龙腰渠灌溉范围内的石桥村对灌溉、生活、消防等用水做出了明确规定，是对以前水利管理方式和手段的传承与延续。

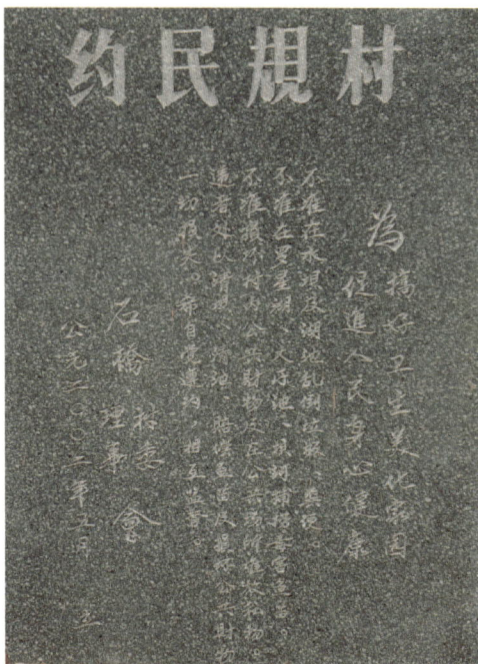

图 4-25　村规民约[①]

二、家谱

家谱方面，黄氏族谱对黄鞠其人及其建设龙腰和蝙蝠洞都有记载，同时也记录石桥村变迁和舆图，还有山洪等水灾发生的记录。其中，有一首描写蝙蝠洞的诗，形象生动。

蝙蝠洞

何年运鬼斧，开此大崆峒。

洞门高且敞，瞥见荒路通。

---

① 新树立的村规民约主要内容是："不准备在水坝及湖池乱倒垃圾。不准在罗星湖、大小池、坝河捕捞毒害鱼苗。不准损坏村内公共财物及在公共场所堆放私物，违者处以清坝、清池、赔偿鱼苗及损坏公共财物一切损失。希自觉遵约，相互监督。"这个村规民约是以前管理规定的延续，对灌溉水源及其构筑物等的保护放在首位。

趣行十数步，穆然挹清风。

囫囵复幽窈，人在石中穿。

非复人间世，穹窿别一天。

不见斧凿痕，天然自修饰。

窾孔启帘栊，淙淙生湢沊。

尚欲穷所之，遥深不可极。

　　这首诗生动地描绘和赞美了黄鞠运用先进的技术开凿蝙蝠洞的功绩。工程的开挖如同鬼斧神工，没有留下任何使用工具开凿的痕迹，因为所凿的蝙蝠洞渠道是明渠和暗渠（涵洞）相结合的，涵洞极高且宽敞，人可在里面行走，洞里昏暗，伸手不见五指，走到洞口有风吹来，通过启闭帘栊开启农田灌溉。

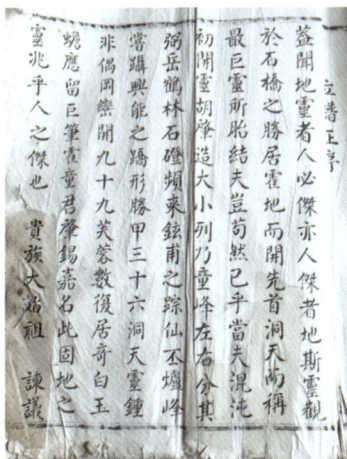

图4-26　黄氏宗谱立谱正序[①]

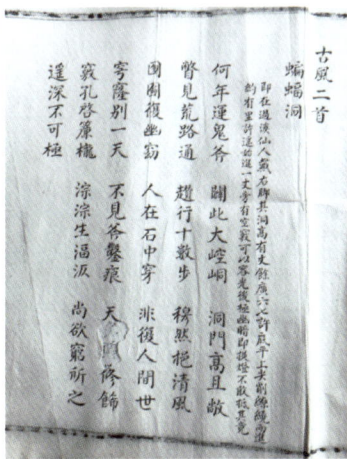

图4-27　黄氏宗谱中描写蝙蝠洞的古诗[②]

①黄氏宗谱立谱正序介绍了定居石桥村得天独厚的优势，环境优美，人杰地灵。
②《蝙蝠洞》："何年运鬼斧，开此大崆峒。洞门高且敞，瞥见荒路通。趣行十数步，穆然挹清风。囫囵复幽窈，人在石中穿。非复人间世，穹窿别一天。不见斧凿痕，天然自修饰。窾孔启帘栊，淙淙生湢沊。尚欲穷所之，遥深不可极。"

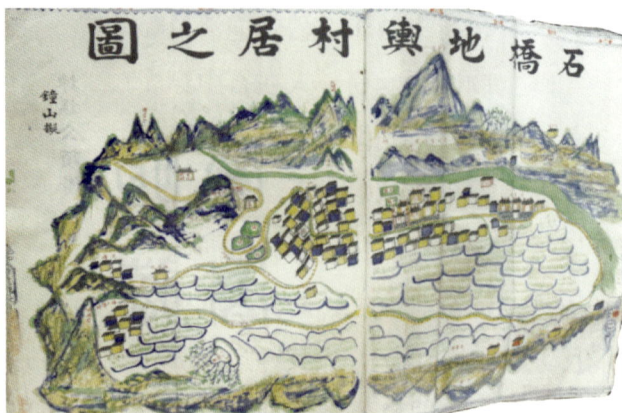

图 4-28 黄氏宗谱中石桥地舆村居之图①

图 4-29 黄氏宗谱之石桥原始志②

图 4-30 黄氏宗谱中水灾记录③

①黄氏宗谱中有几张手绘的老图,充分展示了黄鞠移民定居石桥后,通过合理利用霍童溪建设龙腰渠,引进中原作物品种,改善当地经济条件的局面。图中山、水、田、园、林等要素一应俱全,将石桥打造成了一个宜居的田园乡村。

②石桥村因龙腰渠的建成而受益,黄鞠未迁此地之前,此处是荒坂平林,黄鞠看到此处具有较大发展潜力,与姑父换地而居,建成龙腰渠,惠泽石桥百姓及后世万民。

③《沿溪水灾志》记录了甲戌年中秋晚暴雨,顷刻间水溢数丈,整个村的大姓孙、蔡两家的店屋被山洪淹没,霍童长堤溃坝,沿溪居民大多数都受影响,此次灾害损失惨重,80%~90% 的人丧命。

第五章　世界灌溉工程遗产与黄鞠渠

留存至今的黄鞠渠工程的龙腰渠、琵琶洞渠系基本保持原貌，工程所在地霍童镇的古建筑和古街道以及工程衍生的民俗活动传承至今。黄鞠灌溉工程，在促进宁德地区社会可持续发展、经济繁荣和抵御自然灾害方面发挥着不可替代的作用，为当代和后代留下了灌溉文明的历史见证。千百年来，通过官方与民间共同管理的模式，黄鞠灌溉工程的管理者一直致力于积极保护和维护这一珍贵的灌溉工程遗产，不仅保障工程持续发挥着农业灌溉、生活供水、水力加工等综合功能，而且使宁德地区成为生态环境良好的宜居城市。

第一节　遗产构成

黄鞠渠是闽东水利工程建设的先驱工程，代表了当时隋代福建地区最高的技术水平。从灌溉工程的体系来看，工程遗产包括：水源工程霍童溪及其支流大石溪，渠首工程右岸龙腰渠渠系、左岸琵琶洞渠系，农田系统包括池塘和农田等。

黄鞠渠的水源主要是宁德市第二大河流、"八大水系"之一的霍童溪流域及其支流。其中右岸龙腰渠的水源是霍童溪的一级支流大石溪，左岸琵琶洞的水源是霍童溪，其取水口在龙腰渠上游。

　　渠系按照位置可以划分为右岸龙腰渠和左岸琵琶洞两大渠系，两个渠系是两个独立的工程。右岸龙腰渠渠系包括取水口拦河坝、龙腰渠、斗渠、农渠、五级水碓、日湖、月湖、星湖、砚池、金鱼池、罗星湖等。左岸琵琶洞渠系主要包括取水口、明渠渠道、五处隧洞、排沙口等。整个灌区范围主要种植水稻、茶叶、枇杷等作物。

　　工程范围内与遗产相关的建筑包括龙首堂、黄鞠墓和姑婆宫，还有龙腰渠石佛，区域内主要的文化遗产包括"二月二"灯会和霍童线狮等。

表 5-1　　　　　　　　　　黄鞠渠遗产构成

类型		名称
水源工程		霍童溪
		大石溪
渠系	右岸龙腰渠渠系	龙腰渠
		拦河坝
		五级水碓
	左岸琵琶洞（蝙蝠洞）渠系	明渠渠道
		1 号洞
		2 号洞
		3 号洞
		4 号洞
		5 号洞
		排沙口
陂池农田		日湖
		月湖
		星湖
		砚池
		金鱼池

类型	名称
陂池农田	罗星湖
相关工程和文化遗产	龙首堂
	黄鞠墓
	姑婆宫
	石佛
相关工程和文化遗产	二月二灯会
	霍童线狮

第二节　科学技术价值

隋唐时期，福建特别是闽东一带，基本上为较原始落后的经济状态，在农业方面，水浇地很少，农业品种贫乏，黄鞠渠工程的出现，大大改善了当地的农业条件，使这里成为土壤肥沃、作物品种多的良田。工程的技术价值主要体现在：

一、先进的开凿技术

黄鞠龙腰渠、琵琶洞灌溉工程的技术成就，主要体现在无动力驱动时代，在霍童溪两岸恶劣的地理环境下，利用地形、水源高差，通过测量，建石坝雍水，采用"火烧水激凿石工法"，在右岸龙腰山凿水渠、左岸石崖凿琵琶洞穿山引水，体现了水利工程的传承和进步。

（1）开凿技术先进。龙腰渠和琵琶洞原都为涵洞，两端渠道的开凿都是顺着弧形凿进的。在没有良好的洞内测向仪器、水平仪等先进设备的年代，这种开凿虽使工程量增加，但比较保险，不至于迷失方向。隧道都是在坚实的花岗岩中穿过，先开挖竖井后，同时背向掘进，可加速施工进度。两段渠道采用的都是"火烧水激凿石工法"，用炭火先将石层烧热，然后泼上水，在热胀冷缩的刺激作用下，岩石上会出现裂缝，这时沿着裂缝开凿，顽石迎刃而解，便于施工。

（2）合理设计渠道坡度。右岸龙腰渠开凿过程中，100多米的水渠，巧妙设置了36尊石佛，在工程挖凿到一定深度就放上一尊小石佛，可谓一举多得。这样做最主要的作用是，在当时的条件下，没有水准尺这些先进仪器，石佛的设置可以来调整水平，在施工的时候，可以将下游的坡度适度降低，便于自流灌溉。设置石佛，可以在宣扬宗教信仰的同时，让人看得见小石佛的数量在逐日增加，标志工程进展程度，能够极大地鼓舞工匠们的士气，加快施工进度。

二、科学的规划设计理念

黄鞠渠工程自建成至今，持续发挥着"灌、引、蓄、防"等综合水利功能，不仅保护着霍童溪两岸百姓的生命财产安全，而且保障了灌区内两万余亩良田的灌溉以及生活供水，同时保障区域生态环境状况良好。通过科学、系统的规划设计和精心布局，取水口位置合理，充分利用大石溪和霍童溪的水源，龙腰渠取水口位置未发生改变。工程利用地形高差，科学规划，巧妙布局，匠心独运，以堰坝拦水、明渠引水、隧洞穿水等方式，形成了引、输、蓄、灌、排、防的合理布局，实现了灌溉工程的多功能目标。

科学的规划设计理念主要体现在以下几个方面：

（1）让水沿山梁而行，龙腰渠干渠在龙腰自然村的大榕树处分为两支，一支利用地形灌溉高处农田；一支引水入村，让水沿山梁而行，按落差设计了五级跌水，建了五个水碓楼，用水作动力进行农副产品加工，最后到企头。

（2）经过五级跌水，水下到平地，被送进三个蓄水湖，名叫日湖、月湖、星湖，把水蓄起来抗旱、防火。

（3）水存蓄后，引入石桥村时，通过石砌的水渠在每家每户的房前屋后经过，供作农家必要的洗刷用水，经过洗刷的水含有养分，流入农田再进行灌溉。"不把未经使用水泉直导入大溪"，都作为村规载入族谱。入村的水渠分九个曲，每曲分流都镇有一块"石蛤蟆"，用来阻挡急流和提升水位，方便分流，便于分段管理。

（4）琵琶洞与明渠渠首处是险工段，存在明显高差，通过在沿霍童溪一侧设置排沙孔，便于清淤和排沙，体现了科学的设计理念。

（5）为了保护黄鞠渠工程，黄鞠加强防水防洪工程建设。在坂头一带，溪流冲刷较多的地方"沉铁牛""打铁钎"、垒土墩，建立起防洪"防御体系"。自岩角而下沿岸植树造林，种了大片松林名曰"九里松"，意在防洪。

第三节　经济及文化价值

黄鞠渠工程是中原文化引入和结合的范例。黄鞠带领家族南迁闽东，定居闽东霍童镇石桥村，采用先进技术修建龙腰渠和琵琶洞工程，并引入中原先进的农耕技术和农作物品种，改善了当地耕种条件，奠定了霍童溪两岸持续千余年的经济繁荣和稳定的社会形态，衍生了丰厚的灌溉文化，促进了人口繁衍。到南宋时，霍童人口发展，已是宁德全县三乡十里中的一里。到明初，黄鞠渠工程灌溉范围的河谷地带，达到"三十六村"几十个姓。通过千余年的努力经营和维护，宁德地区形成了优美秀丽的人居环境。

一、经济社会价值

黄鞠渠工程是水利带动文化传播、移民开发、民族融合的良好典范。工程的建成和使用，堪称一项重大的民生工程，是中原人入闽、先进文化和科学技术南移福建的典型例证。千年来持续发挥效益，现在仍有益当地民众，对于霍童盆地历史上的土地开垦、人口增加、城镇聚落的形成和经济的发展都起到重大作用，具有重要的现实价值。

霍童渠工程，是当地社会及经济发展的里程碑和转折点。在黄鞠入闽之前，霍童当地基本上处于较为落后的旱地耕作方式，其农艺、耕作等保留着大量的当地闽越土著生活生产方式的特征。隋末中原大乱，黄鞠举族南迁，是"衣冠南渡"的典范。黄鞠在当地的经营，带来的是当地当时最先进和最高水平的水利技术，是经济、文化南移的典型例证，是水利带动文化传播、移民开发和民族融合的良好典范。

隋唐时期，福建，特别是闽东一带，基本上处于较原始落后的经济状态，在农业方面，水浇地很少，农业品种贫乏，至唐末，始有较大工程出现。霍童引水工程使霍童农业得到很大发展，中原文化由此在霍童落地生根，促进了当地经济发展。芸薹、麦、豆套种，长期以来形成了霍童主要农产品的特有格局，粮食生产增加，茶、油料、果、蔬等也相应增加产量，促进人口繁衍。

利用龙腰渠与村庄间的高差，在石桥村按照坡度情况设置五级水碓，加工食粮、油料，渠水进入村庄后，开凿七方池塘，形成"三只蛤蟆九曲水"用水系统，以利于民众洗涤消防，最后流入田间。这种科学精细、布局合理的供水系统，自形成以来，基本格局未曾改变，延续千年之久，支撑石桥村的经济发展。

二、文化价值

黄鞠渠工程也是水利工程带动文化传播、移民开发、民族融合的典范。工程的文化价值集中体现在佛教文化、建筑文化和民俗文化等方面。

（一）佛教文化

霍童宗教文化源远流长，与佛教文化和道教文化渊源颇深，是佛教和道教在东南地区的中心和圣地，有佛教号称"天下第一山"的支提山和道教"第一洞天"之称的霍童山，存有重要的佛、道宗教遗迹遗址与"洞天福地"等自然景观。几千年来，霍童支提山佛道并举，始终沐浴在仙风佛雨里，沉淀着厚重的宗教文化内涵，体现了中国文化的包容性和同化力。

霍童山从初唐至北宋期间三次被朝廷敕封为"天下第一洞天"，是中国东南道教发祥地，素有"未登霍童空寻仙"之说。唐天宝六年（公元 747 年）玄宗敕改为"霍童山"，亦称"游仙山"，并敕石偈篆刻"霍童洞天"四字，已历经 1200 多年历史。建有鹤林宫，乃全国道教四大名宫之一，系属霍童"四十八仙景"之一。据《福建通志》载：梁大通二年（公元 528 年），其建在霍童山大童峰"鹤头岩"山麓，即霍童洞天。

霍童支提山在佛教界的地位与五台、峨眉、普陀、九华四大名山并列，是天冠菩萨在中国现身说法的道场。支提（华严）寺是全国重点寺院，藏有四大国宝（千圣天冠、大毗卢千佛托、《永乐北藏》全藏经书、五爪金龙紫衣），也是国家认定的"福建历史名刹"之一。李白、陆游等诗人《游霍童登支提记》《霍童山歌》《支提禅房与宝藏上人夜坐》，近代画家潘玉珂留下了《潘玉珂书画集》等，给霍童山水人文增添了无限的魅力。清代崔嵷版《宁德支提寺图志》为后人留下了研究支提山名胜和佛教传播的重要史料。

黄鞠灌溉工程的建立，改善了当地的自然条件、经济条件、生态环境和人居环境，吸引了国内外的高僧传播和宣扬佛教文化，使霍童溪两岸的支提山变成佛教圣地。

（二）民俗文化

黄鞠，曾任隋朝谏议大夫。隋炀帝时期，黄鞠父子同朝为官，直言进谏，激怒隋炀帝，黄鞠之父被下狱而死。黄鞠及众兄弟遵父命各自远走他乡，黄鞠带领家人到福建投亲，带领族人修建了这处持续使用1400多年的灌溉工程，为后世所敬仰和称颂。黄鞠不仅带来了先进的生产技艺，还将中原的文化、礼仪、习俗等传到霍童，不管是婚、丧、喜、庆还是过年、过节，民间的许多习俗和河南固始相同，甚至有些方言也是相通的。工程的创建者黄鞠后来成为一方水土的守护神，载入史册，被后人永久纪念，历史时期形成的祖先祭祀活动对区域灌溉工程管理和功能延续具有重要文化意义。石桥村龙首堂和黄鞠墓都是后人为纪念黄鞠而专门修建的，霍童镇的"二月二"灯会和舞线狮等民间活动都是为纪念黄鞠而举行的，通过丰富多样的民俗文化活动，表达着当地老百姓对他所做突出贡献的感激之情和祈求风调雨顺的美好愿望，将灌溉文明继承和传播。霍童"二月二"灯会发展至今已经成为福建省最具影响力的社戏文化与旅游经典项目。其间花灯、纸扎、铁技、舞龙、线狮等节目经过历年演化，越发精彩夺目，成为传承千年独具地方特色的"农民文化艺术节"，被列入福建省非物质文化遗产名录。霍童线狮、霍童铁技更是因为其精湛绝世的技艺，被列为国家级非物质文化遗产。还有诸如"仁记"剪刀、后山村林氏武术、岩草席、锡制工艺品等老技艺流传至今，远近闻名。而独具特色的地方小吃芋头包、八果糕、霍童咸面、咸豆干、麦芽糖等，成为八方来宾到霍童必备的伴手礼。

1. 二月二灯会

相传，霍童独特的民俗文化活动"二月二"灯会和黄鞠有很大的渊源。经过几年的努力，霍童人民的生产发展了，生活也安定了，黄鞠就将河南民间流传的、群众喜闻乐见的中原文化，如纸扎、铁技、线狮、高跷等传授给村民，形成了"二月二"灯会。石桥黄氏家谱中有首诗，"龙腰开凿水滔滔，泽沛苍生德望高，为报朱公情易地，龙灯赛会竞风骚"，通过"二月二灯"会的开展，表达对建设者黄鞠的感激之情。

后来，为铭记黄鞠的丰功伟绩，霍童万全、华阳、忠义、宏街四境各姓，为他塑像祭祀，尊其为当地"土主"。每年农历二月初一开始，四境各姓先后参加灯节活动（俗称"二月二"灯会），争奇斗艳，各显技能，附近村民、外县人士，也都前来观赏。当初是每境迎灯一个晚上，谓之"小迎"，后来规定每隔五年各境重复迎灯一个晚上，共八个晚上，谓之"大迎"。四境各姓都打着"某堡"（如：黄堡、章堡等）灯牌为前导，抬着本姓奉祀的神像为镇后，这大概体现了"人神同乐"吧。因鞠公是灯节的创始人，所以灯节踩街期间，他以东道主身份排在最后，表示为各姓送行。

图5-1　二月二灯会（图一）

图5-2　二月二灯会（图二）

2. 霍童线狮

民间艺人将狮子舞和提线木偶相结合，起始是用色纸、竹篾扎成小狮，后经不断改进，逐步成为一种独特的线狮艺术。它集文功、武功于一身，表演时，分有单狮（雄）、双狮（一雄一雌）、三狮（一母二子）、五狮（一母四子）4种。经过历代民间艺人艺术实践创造，线狮表现力越来越丰富，能表演坐立、蹲卧、苏醒、伸展、呵欠、抓痒、搔首、舔毛、蛰伏、依偎、跳跃、奔窜等动态，光是表现狮子戏球，就有寻球、追球、得球、踩球、咬球、争球、抢球、抱球、抛球等动作，全凭艺人集体操纵，密切配合把狮子演活。新中国成立以来，当地线狮在造型、舞姿、狮笼、灯光、配乐等艺术上不断加工提高，曾多次参加省、地、市大型艺术赛事表演。中央电视台走进中国栏目组还专题拍摄了霍童线狮，其堪称"中华一绝"。

图 5-3　霍童线狮

三、其他

除了工程遗产外，黄鞠灌溉工程还有很多文化遗存，包括祭祀庙宇及其水神祭祀等，它们见证了黄鞠灌溉工程的历史，记录着黄鞠灌溉工程管理、维护的事件，与工程遗产共同构成了灌区特有的文化景观。

留存至今的龙腰渠、琵琶洞渠系基本保持原貌，工程所在地霍童镇的古建筑和古街道，以及工程衍生的民俗活动传承至今。黄鞠被视为地方水土的守护神，历史上形成的祖先祭祀活动对区域灌溉工程管理和功能延续具有重要文化意义。

图5-4　闽东古建筑代表[1]

石桥村龙首堂和黄鞠墓都是后人为纪念黄鞠而专门修建的，龙首堂左侧的姑婆宫，是为纪念协助黄鞠修建工程的丹鸾、碧凤

---

[1] 类古建筑是闽东地区比较典型的房屋布局，其布局合理，一般都是两层的结构，由于南方地区潮湿，大多数人都是在二楼休息，一楼会客，庭院设置天井，便于收集雨水和排水。

修建的。霍童镇的"二月二"灯会和舞线狮等民间活动都是为纪念黄鞠而举行的，表达着当地老百姓对他所做突出贡献的感激之情和祈求风调雨顺的美好愿望。

为纪念黄鞠，当地老百姓为其建庙树碑。《福宁府志》卷三十四记载："谏议大夫庙，在霍童山下。隋大业中，谏议大夫黄鞠尝垦山之荒壤为田，凿涧以灌溉之。乡民义其德，立庙以祀。"《八闽通志》卷六十："谏议大夫庙，在县西十二都霍童山下。隋大业中，谏议大夫黄鞠尝垦山之荒壤为田，而凿通涧水以灌溉之。后乡人感其德，建祠庙祀焉。"清乾隆四十六年（公元1781年）版《宁德县志》记载："谏议大夫庙，在十二都霍童洞天，祀隋谏议大夫黄鞠。鞠本河南光州固始县人，因谏隋炀帝，不听，迁避霍童……今分祀四境：曰忠义境宫、宏街境宫、华阳境宫、万全境宫，四宫俱祀黄鞠……又炉前村五峰楼前，亦有谏议大夫祠。又《埔乡志》写本云：'旧有祠，在七都埔原后垅坂尾奉御林。后相传鞠始居此地，后迁霍童。七都人因于所居处立祠祀之。'今祠废，基存。"《福宁府志》卷三十七记载："隋谏议大夫黄鞠墓，在十二都霍童山下。"乾隆版《宁德县志》记载："隋谏议大夫黄鞠墓。在十二都霍童洞天山下，今存。"霍童江夏黄氏族谱记载：鞠公被尊为"霍地开山主，没，葬于彭童山之麓，题曰：户部黄公之茔"。计一亩二角二十步。碑高1.47米，宽0.41米。文献所记述的黄鞠庙和墓都在十二都霍童洞天山下，村内庙祀延续至今，俎豆不衰。其墓遗迹在霍童村彭童山。

第四节　生态景观价值

黄鞠灌溉工程以其独特的技术成就、优美的自然环境景观等吸引着游客纷至沓来，具有较高的景观审美价值。"山海川岛湖林洞，一品清新醉闽东"，蕉城依山傍海，风光秀丽，旅游资源独具特色，历史悠久，文化底蕴深厚，素有"海国斯文地"之美誉。霍童溪作为蕉城地区的母亲河，是福建省水质最好的流域，生态环境优良，盆地周边山水与田园融合，构成一道独特的水利风景线。霍童的山、霍童溪、龙腰渠、琵琶洞渠系、五级水碓、日月星湖以及砚池、金鱼池、罗星湖等调蓄陂池、农田以及霍童古建筑，浑然一体，构成一幅优美画卷。龙腰渠、琵琶洞工程于1981年被列入县级文保单位，于2001年获省政府批准为福建第五批文物保护单位（改称"霍童涵洞"），2019年获评第八批国家文物保护单位（改称"霍童灌溉工程"），成为人们观瞻凭吊的古迹之一。

黄鞠带领民众修建霍童引水工程过程中，在引进中原先进农耕文明的同时，带领民众大力种植松树，维护河岸，形成"九里松岸"；在湖上种植荷花，形成"十里荷香"。到北宋时，霍童河谷地带花团锦簇，人烟稠密，农业发达，环境优美。盆地周边山水与田园融合，重峦叠嶂、山形秀美、溪水清澈、曲折蜿蜒。同时，霍童也是国家级历史文化名镇，位居道教天下三十六洞天之首，临近号称"天下第一名山"的支提山。北宋著名道士白玉蟾等人以及余复、林聪等数百位诗人曾经在此游学，留下众多华丽诗篇，赞美霍童风景。因藏有北宋道教经典《云笈七签》等，曾列天下道家名山，霍童被誉为"第一洞天"，这片土地以水利工程之肇始，从而开辟出一方繁荣优美家园。黄鞠渠这一世界灌溉工程遗产的崭新名片，为当地文化和旅游发展都增添了新的内容，使其焕发新的活力，永葆青春。

参考文献

［1］崔嶷.宁德支提寺图志［M］，福州：福建省地图出版社，
　　　1988.

［2］宋梁克.三山志［M］，福州：福建人民出版社，2003.

［3］黄仲昭.八闽通志（上）［M］，福州：福建人民出版社，
　　　1991.

［4］陈应宾修，闵文振纂.嘉靖福宁州志［M］，宁波：天一阁
　　　藏明代方志选刊续编.

［5］朱贵修，李拔纂.福建省福宁州志［M］.台湾：成文出版社，
　　　1967.

［6］殷之辂修，明朱梅等纂.万历福宁州志［M］.北京：北京图
　　　书馆出版社.2003.

［7］何乔远.闽书［M］，福州：福建人民出版社，1994.

［8］闵文振.宁德县志［M］，福州：福建人民出版社，2015.

［9］陈琯.宁德县志［M］，宁波：天一阁馆藏.

［10］张君宾.宁德县志［M］，宁德县志编纂办公室，1983.

［11］福建省地方志编纂委员会.福建省水利方志［M］，北京：
　　　中国社会科学出版社，1999.

［12］阮大维.黄鞠——中国隧道水利工程先行者，宁德文史资料
　　　［J］，第八辑.

［13］张久升.水利千年，群言［J］，2016.

［14］黄幼生，杨良辉，王致纯，陈童生.宁德霍山［M］.福州：海风出版社，2000.

［15］胡秀林，颜素开.宁德人杰［M］.福州：海风出版社，2000.

［16］缪品枚.宁德史话［M］.福州：海风出版社，2000.

［17］张登贤，钟亮，周杰.宁德文物［M］.福州：海风出版社，2000.

附　录

附录一　申遗片段

2001年1月20日，根据《福建省人民政府关于公布第五批省级文物保护单位及其保护范围的通知》（闽政〔2001〕文15号）要求，黄鞠水利"霍童涵洞"（龙腰渠、琵琶洞）列为福建省省级文物保护单位。

2014年1月，宁德市蕉城区政协委员陈寿德、林峰在区政协九届三次会上提出《关于品读黄鞠水利文化，推进文化与农业旅游产业对接的建议》的提案，得到领导的高度重视，被列为重点提案。

2015年3—9月，宁德市蕉城区政协委员陈寿德、林峰、阮建东、罗俊寿、张久升等分别前往霍童镇黄鞠灌溉工程"龙腰渠、琵琶洞"等现场进行多次调研。

附录1-1　政协委员参观琵琶洞（图一）

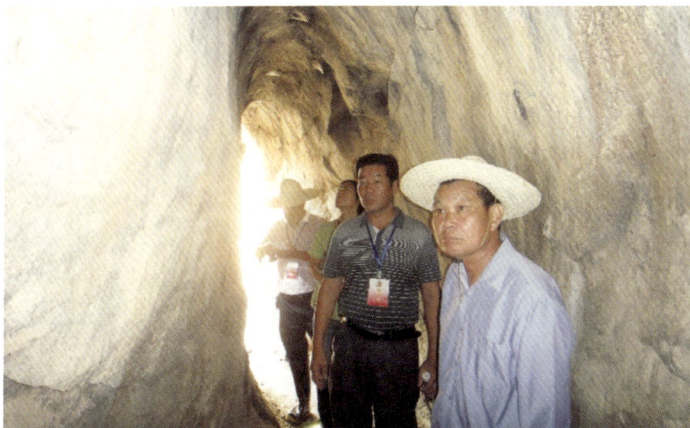

附录 1-2　政协委员参观琵琶洞（图二）

2015 年 8—9 月，区文体局、博物馆组织对隋代黄鞠灌溉工程"琵琶洞"遗址进行了保护性修复。

2016 年 3 月 25 日，根据《福建省水利厅关于公布第一批福建省水文化遗产的通知》（闽水办〔2016〕11 号）精神，黄鞠水利"蕉城区霍童涵洞""蕉城区龙腰水渠"列为福建省第一批水文化遗产。

2016 年 5 月，由石桥村黄氏理事会牵头，对黄鞠故里"龙首堂"进行保护性修复。

附录 1-3　石桥村龙首堂修复后的效果

附录 1-4　石桥村黄鞠故里牌坊修复后的效果

2016 年 11 月 21 日，中央电视台《记住乡愁》摄制组前往蕉城区拍摄以"滴水穿石、坚韧不拔"为主题的记录片，反映黄鞠千年水利文化和霍童红色文化等。

2017 年 1 月 3 日，宁德市蕉城区发改局、文体新局及黄氏理事会相关人员，收到《关于开展我国灌溉工程遗产挖掘暨世界灌溉工程遗产申报工作的通知》（〔2015〕中灌委函字第 011 号），为下一步做好该申报工作获得重要文件依据。

2017 年 1 月 4 日，福建省博物院考古队专家陈教授一行 5 人，前往霍童镇石桥村等地对黄鞠水利工程遗址进行为期一周的考古工作，并受霍童镇镇政府、区文体局委托，着手编制黄鞠水利申报国家级文物保护单位的文本材料。

2017 年 1 月 13 日晚，在中央电视台 4 套播出的《记住乡愁》，传播以黄鞠水利文化为主的霍童文化，获得当时中央台名列前 5 名的收视率，反响强烈。

附录1-5 央视《记住乡愁》采访现场

　　2017年1月14日，宁德市蕉城区区委副书记黄少芳、统战部部长张蕉生，牵头首次召开黄鞠水利申报世界灌溉工程遗产协调会，成立领导小组，标志着区委正式启动此项工作。

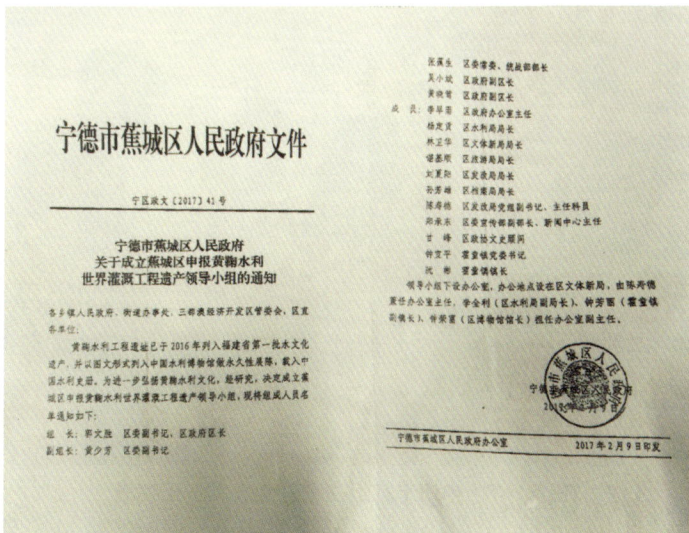

附录1-6 "黄鞠水利申报世界灌溉工程遗产领导小组"成立文件

2017年2月9日，成立"蕉城区申报黄鞠水利世界灌溉工程遗产领导小组"（宁区政文〔2017〕41号文），由宁德市蕉城区政府区长郭文胜任组长，区委副书记黄少芳、统战部部长张蕉生、区政府副区长吴小斌、副区长黄晓莺任副组长，宣传部、新闻中心、霍童镇镇政府、文体新、发改、水利、旅游、档案局等相关部门组成成员单位，下设办公室，协调日常事务。特聘请退休干部、区政协文史顾问甘峰为领导小组顾问。

2017年2月14日，国际灌排委副主席、国家灌排委常务副秘书长丁昆仑，国家灌排委执行秘书长兼办公室主任高黎辉，中国水利水电科学研究院水利史研究所总工程师刘建刚博士一行3人赴宁对黄鞠水利进行为期两天的考察和座谈，初步同意可申报世界灌溉工程遗产，并指导下一步编制文本等一系列工作。

附录1–7　申遗专家组在龙首堂查阅黄氏宗谱

附录1-8 黄鞠渠工程申报世界灌溉工程遗产专家座谈会

2017 年 2 月 23 日，受郭文胜区长委托，黄晓莺副区长主持召开专题会议，研究黄鞠水利申报世界灌溉工程遗产文本编制委托单位有关事宜，形成《关于黄鞠水利申报世界灌溉工程遗产有关事宜的纪要》文件（宁德市蕉城区人民政府专题会议纪要〔2017〕18 号）。

2017 年 2 月 22 日，区"申遗"领导小组办公室主任陈寿德在人民医院采访了躺在病床上的水利老前辈陈进福同志（已故），后又采访了水利界老同志黄德明、孙则标，他们都是 20 世纪五六十年代"琵琶洞"上游水轮泵工程的建设者；还采访过阮大维老同志，他曾关注并研究过黄鞠左岸灌溉工程"琵琶洞"，发表了《黄鞠，中国隧道水利工程先行者》一文；后期还采访了宁德县早期的领导干部黄阿三，时年 93 岁，他描述了 1953 年和 1957 年两次进"琵琶洞"，组织恢复使用的工作全过程。

2017 年 3 月 8 日，"蕉城区申报黄鞠水利灌溉工程遗产领导小组"正式挂牌，地点设在区文体局二楼。

2017年3月9日，区"申遗"领导小组及相关部门人员前往莆田市木兰陂项目点进行考察并座谈，学习借鉴其申遗的成功经验。

2017年3月初，福建省博物院考古队经挖掘整理，对黄鞠灌溉工程形成价值评定意见如下：

1. 黄鞠灌溉工程为已知全国最早的引水涵洞，填补了中国隋代水利工程史迹的空白和中国水利工程时代链条上的缺环。是福建最早的水利工程，将福建引水工程的历史提前至隋代（公元618年），比福建的国家级文物保护单位木兰陂的建设年代北宋治平元年（公元1064年）早400多年，填补了福建早期水利工程史迹的空白，符合遴选标准第2条（"作为特定时期或特定地域内人群生产、生活遗留下的物质遗存，能为延续至今或业已消逝的文化或文明提供特殊的佐证"）。

2. 古代隧道开凿技术的典型体现。霍童溪北岸的琵琶涵洞现存长达578米，南岸的龙腰水渠工程长达1765米，其所经过路段均为开凿基岩。其中琵琶涵洞穿凿陡峭岩壁的隧洞，其岩体坚硬，设计与施工难度均大。据现场观察，隧道截面呈椭圆形，岩壁表面光滑，看不出明显的工具凿痕，据福建省第四地质大队专家分析，应是采用烧爆法。烧爆法是古代开采金银铜等矿石矿洞的常用方法，按现有文献记载，最早出现于唐代，主要盛行于宋明时期。霍童隧洞是目前国内罕见的最早采用烧爆法开凿隧洞的实例，具有重要的历史与科学研究价值，符合遴选标准第3条（"作为建筑营造、景观设计、工程建设或造型艺术等方面的重要成就，能够反映特定时代整体或局部地域的典型风格与技术水平"）。

3. 移民开发历史的重要见证。福建名义上从秦置闽中郡始纳入中央管辖版图，实质上真正融入中原文化，是经历了六朝、唐代、宋至明代等多次的大量移民才得以完成。中原移民带来了先进的农耕文化，促进了福建的开发和经济发展。霍童涵洞就是中原移民黄鞠所主持开凿的，是目前为止发现的福建具有确凿记载的最早的移民史迹，是中原先进文化传入福建的典型例证。对于研究移民对福建的开发历史具有重要意义，符合遴选标准第5条（"作为多元文化接触、碰撞、融合的产物，能够反映在一定时空范围内人群之间不同形式的重要交流或影响"）。

4. 社会价值。霍童涵洞是一项重大的民生工程，一千余年来对当地的农田灌溉、民众生活发挥了重要作用。对于霍童盆地历史上的土地开垦、人口增加、城镇聚落的形成和经济的发展都起到了重大作用，至今仍然灌溉千余亩土地，并供霍童村数百户家庭生产、生活之用，受益不减，仍具重要的现实使用价值。符合遴选标准第4条（"作为人类居住、土地利用或资源开发的重要范例，能够反映人与自然之间和谐互动的关系，并且这种互动关系可能仍在延续并得到积极的发展"）。

综上所述，黄鞠灌溉工程有着极高的历史价值、科学价值和现实意义。

2017年3月，"申遗办"委托中国水利水电科学研究院开展黄鞠水利申报世界灌溉工程遗产文本编制工作。

2017年3—5月，"申遗"办及相关人员加紧对黄鞠灌溉工程史料的挖掘、整理工作，形成较为完整的记载黄鞠渠的文献、志书、宗谱的目录、摘要和图片。同时，为迎接"黄鞠灌溉工程申报世界灌溉工程遗产现场考评会"和旅游需求，"申遗"办、霍童镇镇政府组织牵头规划、设计、施工黄鞠灌溉工程现场遗址标识系统、标示牌工作,完成"黄鞠灌溉工程示意图""龙腰渠、琵琶洞简介""三只蛤蟆九曲水""五级水碓"以及相关路口等标示牌的制作安装,投入经费30多万元,完成黄鞠故里"龙首堂"旁公厕选址、设计工作。

附录 1-9　黄鞠渠申报世界灌溉工程遗产国内专家组现场考察合影

附录 1-10　黄鞠灌溉工程申报世界灌溉工程遗产现场考评会

2017年5月25日至27日,国家灌溉排水委员会组织召开"黄鞠灌溉工程申报世界灌溉工程遗产现场考评会",专家组一行9人。专家组组长为水利部国科司原副司长孟志敏,专家组成员有国家文物局文物司原司长孟宪明，中国水科院副总工程师谭徐明（女），南京水利局原局长王凯，清华大学教授田富强，武汉大学教授董斌，宁波水文化研究会会长沈继明，泾惠渠管理局副局长孙刚峰，

专家意见

2017年5月26日，中国国家灌排委员会在福建省宁德市召开了"黄鞠灌溉工程申报世界灌溉工程遗产现场考评会"。专家组对工程的灌排体系、管理制度、文化遗存等进行了实地考察，听取了申遗工作的汇报。通过讨论，形成意见如下：

1. 黄鞠灌溉工程是古代南方山丘区水利工程的典范，具有农业灌溉、生活供水、水力加工等综合功能，见证了闽东地区的农业开发历史，具有丰厚的区域文化特点。根据家谱和地方史料记载，工程始建于公元7世纪初，至迟于12世纪工程体系已臻完善，对当地的经济文化和社会发展发挥了重大作用。

2. 黄鞠灌溉工程包括右岸龙腰渠和左岸琵琶洞渠系，工程骨干渠系长约10000米，灌溉面积两万余亩。工程利用地形高差，科学规划，以堰坝拦水、明渠引水、隧洞穿水，形成了引、输、蓄、灌、排的合理布局，实现了灌溉工程的多功能目标。

3. 黄鞠灌溉工程采用火烧水激凿石工法，形成了合理的隧洞断面形状；引进了水力机械、农耕技术和作物品种，促进了地区经济发展，衍生了丰厚的灌溉文化；是民间自筹修建、政府指导管理的典范工程。

4. 留存至今的龙腰渠、琵琶洞渠系基本保持原貌，工程所在地霍童镇的古建筑和古街道，以及工程衍生的民俗活动传承至今。黄鞠被视为地方水土的守护神，历史时期形成的祖先祭祀活动对区域灌溉工程管理和功能延续具有重要文化意义。

5. 建议：根据专家意见对申遗文本和视频材料进行修改、补充和完善，进一步深入挖掘技术价值、文化价值和审美价值等，编制黄鞠灌溉工程保护与管理总体规划。

6. 专家组认为，黄鞠灌溉工程符合申报世界灌溉工程遗产的条件，同意推荐申报。

专家签名：

日　　期：2017.5.26

附录1-11　黄鞠灌溉工程申报世界灌溉工程遗产现场考评会专家意见

国际灌排委副主席、国家灌排委常务副秘书长丁昆仑。会上，编制单位中国水利水电科学研究院汇报了《黄鞠灌溉工程世界灌溉工程遗产申报书》文本内容和视频材料，经专家组评定，一致同意推荐黄鞠灌溉工程作为候选工程。

附录 1-12　国家灌溉排水委员会对黄鞠灌溉工程申报世界灌溉工程遗产现场考评会进行报道

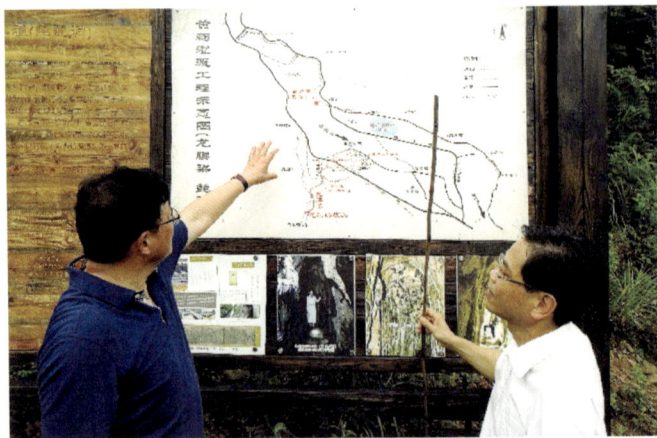

附录 1-13　中国工程院院士、南京水利科学院院长张建云参观黄鞠渠工程

2017 年 6 月 27 日，中国工程院院士、南京水利科学院院长张建云，中国工程院学部二局局长高中琪参观黄鞠水利左岸灌溉工程"琵琶洞"遗址。

中国国家灌溉排水委员会

（2017）中灌委函字第 12 号

关于组团参加第 23 届国际灌排大会
暨国际灌溉排水委员会第 68 届执理会的函

宁德市蕉城区人民政府：

第 23 届国际灌排暨国际灌溉排水委员会第 68 届执理会将于 2017 年 10 月 8 日至 14 日在墨西哥城召开。为了加强国际学术交流与合作，应国际灌溉排水委员会的要求以及墨西哥国家灌溉排水委员会的邀请，中国国家灌溉排水委员会将组团参会。本次大会期间，国际灌溉排水委员会组织评审并公布第四批世界灌溉工程遗产名录。作为中国申遗候选工程黄鞠灌溉工程的申报单位，中国国家灌溉排水委员会在此邀请贵单位有关责任人参加此次会议，并在评审会上做工程申遗汇报及答疑。中国国家灌排委员会将协助联系邀请信，相关出国手续由贵单位自行办理，自理费用。

中国国家灌溉排水委员会
2017 年 7 月 3 日

附录 1-14　宁德市蕉城区受邀参加第 23 届国际灌排
大会暨国际灌溉排水委员会第 68 届执理会

2017 年 7 月 10 日，蕉城区政府收到国家灌排委《关于组团参加第 23 届国际灌排大会暨国际灌溉排水委员会第 68 届执理会的函》（〔2017〕中灌委函字第 12 号）：大会期间，国际灌排委员会组织评审并公布第四批世界灌溉工程遗产名录，作为中国申遗候选工程黄鞠灌溉工程申报单位，中国国家灌溉排水委员会在此邀请申报单位有关责任人参加此次会议，并在评审会上作工程申遗汇报及答疑。

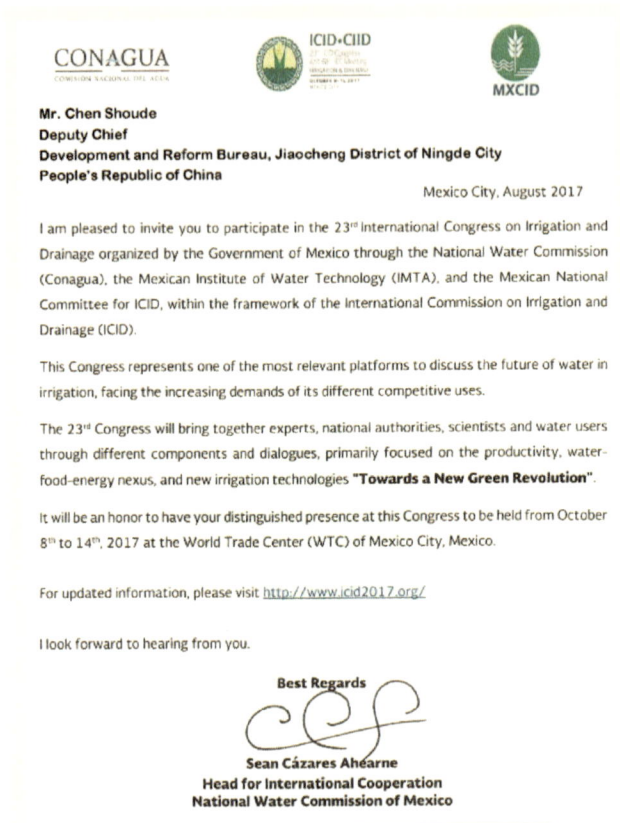

CONAGUA
COMISIÓN NACIONAL DEL AGUA

ICID•CIID

MXCID

Mr. Chen Shoude
Deputy Chief
Development and Reform Bureau, Jiaocheng District of Ningde City
People's Republic of China

Mexico City, August 2017

I am pleased to invite you to participate in the 23rd International Congress on Irrigation and Drainage organized by the Government of Mexico through the National Water Commission (Conagua), the Mexican Institute of Water Technology (IMTA), and the Mexican National Committee for ICID, within the framework of the International Commission on Irrigation and Drainage (ICID).

This Congress represents one of the most relevant platforms to discuss the future of water in irrigation, facing the increasing demands of its different competitive uses.

The 23rd Congress will bring together experts, national authorities, scientists and water users through different components and dialogues, primarily focused on the productivity, water-food-energy nexus, and new irrigation technologies "Towards a New Green Revolution".

It will be an honor to have your distinguished presence at this Congress to be held from October 8th to 14th, 2017 at the World Trade Center (WTC) of Mexico City, Mexico.

For updated information, please visit http://www.icid2017.org/

I look forward to hearing from you.

Best Regards

Sean Cázares Ahearne
Head for International Cooperation
National Water Commission of Mexico

附录 1-15　参会代表获得举办方邀请函

2017 年 7 月下旬，经蕉城区区委研究，并请示宁德市市委主要领导和省、市政府外事办公室进行多次反复对接后，蕉城区组建"中共蕉城区委员会参加第 23 届国际灌排大会暨国际灌溉排水委员会第 68 届执理会团组"，出访墨西哥城参会。由区委书记毛祚松担任团长，由霍童镇党委书记钟宜平、旅游局局长谌基顺、发改局党组副书记陈寿德组成团组，"赴墨"出访申报审批工作展开。

2017年8月8日，"赴墨"出访团组成员分别收到由墨西哥国家水委员会、墨西哥水利技术研究院以及墨西哥国家灌溉排水委员会共同举办的"国际灌溉排水委员会第23届国际灌溉排水大会"主办方邀请函。

2017年8月17日，获得"福建省人民政府外事办公室出国、赴港澳任务批件"。

附录二　高光时刻

2017 年 10 月 8—14 日，第 23 届国际灌排大会暨国际灌溉排水委员会第 68 届国际执行理事会在墨西哥城世界贸易中心召开，墨西哥总统培尼亚·涅托出席大会开幕式并致辞。中国国家灌溉排水委员会副主席、水利部农水司巡视员李远华率中国国家灌溉排水代表团参加了此次会议。

附录 2-1　中国代表团部分团员合影

附录 2-2　会议现场

在墨西哥当地时间 10 月 10 日上午召开的全体会议上，公布了 2017 年度的世界灌溉工程遗产名单，福建黄鞠灌溉工程入选其中。

附录 2-3　国际灌排委员会主席纳瑞兹为黄鞠渠
颁授世界灌溉工程遗产证书

附录 2-4　参会代表

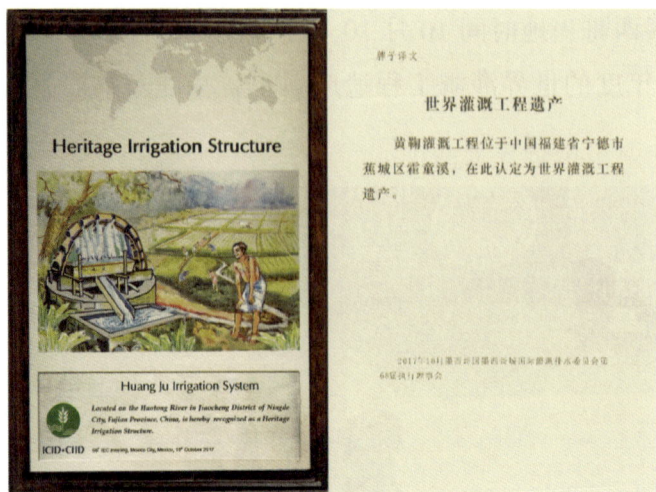

附录2-5　黄鞠灌溉工程授牌

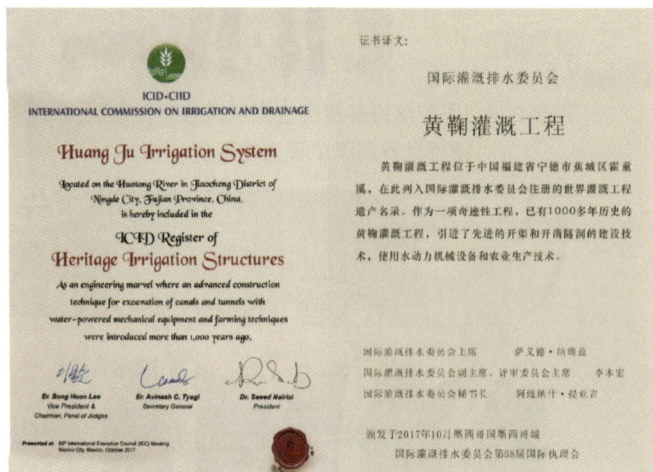

附录2-6　黄鞠灌溉工程证书

　　证书文：黄鞠灌溉工程位于中国福建省宁德市蕉城区霍童溪，在此列入国际灌溉排水委员会注册的世界灌溉工程遗产名录。作为一项奇迹性工程，已有1000多年历史的黄鞠灌溉工程，引进了先进的开渠和开凿隧洞的建设技术，使用水动力机械设备和农业生产技术。

附录三　媒体之声

黄鞠渠申报世界灌溉工程遗产前后，通过多媒体、多渠道对申遗前后的情况进行了全方位的深入报道。

一、蕉城黄鞠灌溉工程参与第四批世界灌溉工程遗产评选

附录 3-1　宁德网对黄鞠渠参选世界灌溉工程遗产进行报道

二、福建省宁德市黄鞠灌溉工程入选世界灌溉工程遗产名录

附录 3-2　搜狐网对黄鞠渠入选世界灌溉工程遗产进行报道

三、黄鞠灌溉工程："世界名片"出深闺

中国社会科学网
www.cssn.cn 中国社会科学院主办
中国社会科学杂志社承办
2022年9月24日 星期六

关注 | 专题 | 要闻 | 智库 |

首页 >> 各地 >> 人文华南

黄鞠灌溉工程："世界名片"出深闺

2017年11月02日 10:38 来源：福建日报 作者：

字号 a a a

打印 纠错 分享 推荐

曾经，开辟涵洞水渠，泽被两岸数千亩良田。如今，灌溉工程使用至今，新添一张烫金的世界"名片"。10月10日，在墨西哥召开的第23届国际灌排大会暨68届国际执行理事会有关会议传来佳音，福建宁德黄鞠灌溉工程等三项中国古代灌溉工程，成功入选第四批世界灌溉工程遗产名录。

黄鞠灌溉工程有着怎样的历史？它的独特性在哪？申遗路走得可好？连日来记者多方采访，探究黄鞠灌溉工程走出深闺的故事。

难度不亚"愚公移山"

黄鞠灌溉工程，由隋朝谏议大夫黄鞠主持兴建，至今已有1400多年历史。工程坐落于宁德市蕉城区霍童镇，分为右岸龙腰渠、龙腰水碓、石桥村水系、左岸琵琶洞渠系四个部分，左右岸两处灌溉工程渠系长10多公里，灌溉面积2万余亩。

据史料记载，工程最难处是要将一座名为"龙腰"的山斩断，即在坚硬的花岗岩山梁中开凿出一条长400余米、宽2米左右、深1至3米的石渠隧道。

"在现代技术条件下，凿洞早已不是难事，但在没有火药和爆破技术的隋朝，将坚硬的花岗岩凿穿，难度不亚于'愚公移山'。"中国水利水电科学研究院水利史研究所总工刘建刚表示。

当时，开凿隧道的办法是将柴火放在岩石上均烧，待高温时突然泼水，使岩石因为热胀冷缩爆裂，再进行人工凿挖。现存隧道虽只有七八十米长，但与其相接的上千米明渠，至今仍灌溉着松岸洋数个村庄的千余亩良田。

"闽东当时农业非常落后，这个工程的出现，大大改善了当地的农业条件，使这里成为土壤肥沃、作物品种多的良田。"刘建刚表示："工程以堰坝拦水、明渠引水、隧洞穿水，形成了引、输、蓄、灌、排的全灌东思。"

附录 3-3 中国社会科学网对黄鞠渠参选世界灌溉工程遗产进行报道

四、申遗成功部分报道视频

附录 3-4　爱奇艺对黄鞠渠参选世界灌溉工程遗产进行报道的视频

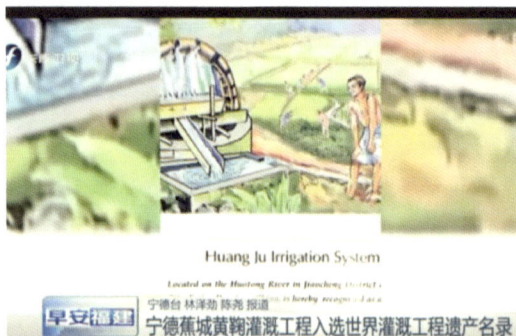

附录 3-5　东南卫视对黄鞠渠参选世界灌溉工程遗产进行报道的视频

附录 3-6　腾讯视频对黄鞠渠参选世界灌溉工程遗产进行报道的视频

附录四　锦上添花

以申遗成功为契机，宁德市抓住机遇，加大对黄鞠灌溉工程的保护、挖掘、开发和宣传的工作力度，打造宁德旅游新名片、新地标。

一、完善和统一遗产范围的标识体系

申遗成功后，政府部门对黄鞠世界灌溉工程遗产的标识系统做了进一步的设计和完善，共制作标示牌 30 多面。为下一步宣传、活化这一世界遗产，讲好黄鞠故事，弘扬黄鞠精神，实现文旅融合乡村振兴起步开篇。

附录 4-1　黄鞠渠申遗成功后设置的新标识系统之霍童古镇

附录 4-2　黄鞠渠申遗成功后设置的新标识系统之石桥村三只蛤蟆九曲水

附录 4-3　黄鞠渠申遗成功后设置的新标识系统之黄鞠灌溉工程简介

附录 4-4　黄鞠渠申遗成功后设置的新标识系统之琵琶洞五号洞

二、申报国家文保单位成功

2019 年 10 月 7 日，霍童灌溉工程被列为第八批全国重点文物保护单位，其编号为 8-0758-6-008。

国务院关于核定并公布
第八批全国重点文物保护单位的
通知
国发〔2019〕22号

各省、自治区、直辖市人民政府，国务院各部委、各直属机构：

国务院核定文化和旅游部、国家文物局确定的第八批全国重点文物保护单位（共计762处）以及与现有全国重点文物保护单位合并的项目（共计50处），现予公布。

各地区、各部门要依照《中华人民共和国文物保护法》等法律法规和《国务院关于进一步加强文物工作的指导意见》（国发〔2016〕17号）的要求，进一步贯彻"保护为主、抢救第一、合理利用、加强管理"的工作方针，既要注重有效保护、夯实基础，又要注意合理利用、发挥效益，在保护利用中实现传承发展，认真做好全国重点文物保护单位的保护、管理和利用工作，确保文物安全特别是文物消防安全，努力开创文物保护利用工作新局面，走出一条符合国情的文物保护利用之路，为坚定文化自信、实现"两个一百年"奋斗目标和中华民族伟大复兴的中国梦作出更大贡献。

国务院
2019年10月7日
（此件公开发布）

序号	编号	名称	时代	地址
751	8-0751-6-001	华亭海塘奉贤段	清	上海市奉贤区
752	8-0752-6-002	兴化垛田	唐至今	江苏省兴化市
753	8-0753-6-003	江阴要塞场	1928 年	江苏省江阴市
754	8-0754-6-004	洋河地下酒窖	1960~1975 年	江苏省宿迁市宿城区
755	8-0755-6-005	大运河港	春秋至今	浙江省湖州市吴兴区
756	8-0756-6-006	钱塘江海塘海盐软海庙段及海宁段	明清至今	浙江省海盐县、海宁市
757	8-0757-6-007	矾山矾矿遗址	清至 1994 年	浙江省苍南县
758	8-0758-6-008	霍童灌溉工程	隋至今	福建省宁德市蕉城区
759	8-0759-6-009	渠江茶园	明清至今	湖南省安化县
760	8-0760-6-010	护塘陂、亭塘陂水利工程	宋明至今	海南省海口市琼山区

附录 4-5　霍童灌溉工程被列为第八批全国重点文物保护单位

附录 4-6　霍童灌溉工程被列为第八批全国重点文物保护单位清单

三、宁德市水利局：打造水文化金色名片 引领新时代水利建设

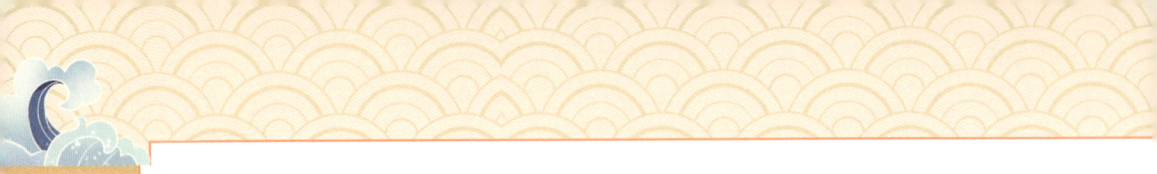

附录 4-7　申遗成功后打造水文化金色名片

四、活用"世界遗产" 赋能乡村振兴 千年黄鞠灌溉工程通水"重生"

附录 4-8　申遗成功后黄鞠灌溉工程通水"重生"报道

图书在版编目（CIP）数据

山区灌溉工程的典范：宁德黄鞠渠 /
刘建刚著 . -- 武汉：长江出版社，2024.7
（世界灌溉工程遗产研究丛书 / 谭徐明总主编 . 中国卷）
ISBN 978-7-5492-8803-8

Ⅰ . ①山… Ⅱ . ①刘… Ⅲ . ①灌溉渠道 - 水利史 - 宁
德 - 隋代 Ⅳ . ① TV632.573

中国国家版本馆 CIP 数据核字（2023）第 055980 号

山区灌溉工程的典范： 宁德黄鞠渠
SHANQUGUANGAIGONGCHENGDEDIANFAN： NINGDEHUANGJUQU
刘建刚　著

出版策划：赵冕　张琼
责任编辑：冯曼曼
装帧设计：汪雪　彭微
出版发行：长江出版社
地　　址：武汉市江岸区解放大道 1863 号
邮　　编：430010
网　　址：https://www.cjpress.cn
电　　话：027-82926557（总编室）
　　　　　027-82926806（市场营销部）
经　　销：各地新华书店
印　　刷：湖北金港彩印有限公司
规　　格：787mm×1092mm
开　　本：16
印　　张：11.5
彩　　页：4
字　　数：132 千字
版　　次：2024 年 7 月第 1 版
印　　次：2024 年 7 月第 1 次
书　　号：ISBN 978-7-5492-8803-8
定　　价：76.00 元

Part 1　认知篇

用 DeepSeek 重塑一人公司

2025 年春节期间，DeepSeek 突然爆火，几乎到了人人讨论的地步。很多人在家过年时，都会跟父母聊上几句 DeepSeek。

我们的团队在 DeepSeek 发布的第一时间，就开始使用它，并总结了诸多经验。借着《一人公司》加印的机会，我们想将这些经验融合一人公司与大家分享，讨论一下"如何利用 DeepSeek 重塑一人公司"。

我们认为 DeepSeek 有 4 点关键价值。

第一，它加速了 AI 的全民普及。在过去的一段时间里，ChatGPT 在 AI 领域的发展一马当先，而国内使用 ChatGPT 的只是少数人。但 DeepSeek 的出现改变了这个局面。DeepSeek

做到了过去许多 AI 大模型公司花费大量资金推广都未能做到的事情，它的横空出世不仅震撼了美国科技圈，也在国内掀起了全民大讨论。这大大提高了国民对于 AI 的关注度。

第二，它真正让普通人享受到了 AI 时代的便利。DeepSeek 不仅开源，还免费，其推理能力更是达到了国际一流水平，真正做到了普惠大众。对于许多普通人来说，这是他们第一次能够快速、便捷地使用 AI 工具。越来越多的普通人可以进入 AI 的世界，享受技术变革带来的便利。

第三，它打破了国外在 AI 领域的技术垄断。在此之前，国内的 AI 模型因技术和芯片原因，一直处于被压制的境地。而 DeepSeek 的出现，首次打破了这种局面。即使面临芯片断供等问题，它依然凭借自主创新达到了国际一流水平。DeepSeek 的出现，很可能会成为国际 AI 领域竞争的分水岭。

第四，它为我们重塑一人公司提供了机会。不得不说，DeepSeek 的出现进一步增强了我们做一人公司的信心。我们团队有一句口号：**"用 AI 做自媒体，用自媒体做一人公司。"** 如今，人人可以做一人公司的时代真的到来了。

在《一人公司》这本书的正文中，我们分享了如何通过一人公司实现"只工作不上班"的目标，但对很多人来说，这仍有不小的难度。如何靠内容输出获取流量？如何提供内容产品？如何做好运营和营销？在实际行动过程中，这些问题都会影响一人公司的成败。

然而，有了 DeepSeek 的辅助，这些工作都变得更加简单了。经过我们团队的测试，有了 DeepSeek 的辅助，我们几乎可以颠覆过去所有的工作方式和工作流程。从内容创作、流量获取、运营推广、课程开发，到交付以及销售的全流程，都可以通过深度使用 DeepSeek 提升效率。

我们正在准备一本关于 DeepSeek 的新书，但不想让大家等待太久，于是决定以更快的方式将这些经验和收获分享给读者。在与编辑老师讨论后，我们写了这本小册子，希望它能帮助到每一位想要做一人公司的读者。

再次感谢大家的支持！

01　一篇文章弄懂 DeepSeek

有些读者可能已经对 DeepSeek 很熟悉了，但还有不少小伙伴可能还不太了解它。现在我们就用一篇文章，带你快速搞懂 DeepSeek 到底是什么，它有哪些厉害的地方，以及怎么才能把它用得"飞起"。

DeepSeek 到底是什么

DeepSeek，是由杭州一家叫"深度求索"的人工智能公司（全称：杭州深度求索人工智能基础技术研究有限公司）开发的 AI 大模型，公司创始人是梁文锋。这家公司将开发一个高性能、低成本的大语言模型作为公司的目标，专注于长期技术突破，而不是单纯追求商业化——这样的理念非常令人敬佩。

2025 年 1 月 20 日，DeepSeek 发布了 DeepSeek-R1 模型。这个模型在数学、代码、自然语言推理等任务上，性能直接对标 OpenAI 的 GPT-4 正式版。更厉害的是，DeepSeek 宣布该模型免费开源，并公开了训练技术，这在世界范围内都引起了巨大轰动。

DeepSeek 的网页版和 App 上线才 18 天，日活用户就突破了 1500 万，成了全球增速最快的 AI 应用。同时，DeepSeek 的出现，让很多国家都能用低成本训练出高性能的 AI 大模型。它就像一双翅膀，直接加速了人类迈向 AI 时代的进程。

DeepSeek 到底能做什么

如果你是第一次接触 DeepSeek，可以从三个方向入手：**推理、搜索、调研**。

1. 推理：让 AI 帮你思考、分析和总结

我们经常遇到这几种情况：心里有想法，但不知道怎么表达；面对复杂问题，不知道从哪儿下手；读了一堆资料，还是理不出头绪。DeepSeek 的内容推理能力将会大大地帮助你。它会从多个角度深度帮你剖析问题，提供有深度的解答和总结。它还能从专家的视角思考，帮助你写出更专业、详细的文章。

2. 搜索：帮你快速找到有效信息

DeepSeek 有高效的网页搜索能力。如果你想找某个数据，翻遍网页也找不到，或者需要查找某个文献来源，却不知道去

哪儿查，不妨让 DeepSeek 来帮助你。它能快速、全面地联网搜索，帮你找到有效信息，搜索效率直接"拉满"。

3. 调研：帮你快速进入新领域

想学新知识，但不知道从哪儿开始；看了很多资料，还是懵懵懂懂，被复杂概念绕晕……这可怎么办？ DeepSeek 的知识调研能力能帮你快速搭建起新领域的知识框架，能把复杂的东西变得简单易懂，加速你的学习进程。

怎么才能用好 DeepSeek

1. 目标要清晰

用 DeepSeek 的时候，要先把目标想清楚，这是成功的第一步。知道自己要解决的问题或需要的内容，才能有效地引导 AI 的输出。

比如，有人让 DeepSeek "写一个全年总结报告，不少于 3000 字"——站在 DeepSeek 的角度，接到这样的指令，由于缺乏足够的背景信息，它即使再先进也难以提供令用户满意的结果。

因此与 DeepSeek 沟通时，我们应提供详细的背景和明确的要求。只有这样它才能理解我们的需求，提供更符合我们期望的结果。

2. 判断内容质量

DeepSeek 虽然厉害，但也不是万能的。它生成的内容有时候也会有水分，拼凑很多无用的内容，你需要具备判断质量的能力，提取出对你有用的信息，舍弃无效的部分。比如，你想让 DeepSeek 帮你写一篇关于健身的文章，就得看看它生成的内容是不是靠谱、有没有用。

当内容生产变得简单，对内容质量的判断就显得更加重要了。

3. 注意讨论边界

和 DeepSeek 互动，其实就是一来一回的对话。有时候，它会答非所问，或者扯得太远。这时候，你得把好关，别让它跑偏。比如，你本来想问写作技巧，结果它的回答却渐渐变成了对文化环境的讨论，这样的沟通就是在浪费你的时间。

02 如何用 DeepSeek 提升工作和学习效率

现在我们已经了解了 DeepSeek 的核心能力，那么如何在日常生活中将它应用起来，提升学习和工作效率呢？以下三种简便高效的方法，能帮你轻松上手。

用 DeepSeek 速读图书：抓住核心要点

阅读能获取知识，但传统精读太费时间，还容易抓不住重点。信息过载时，更是难以建立清晰的知识框架。

有了 DeepSeek 就不一样了，它能快速提炼图书的核心内容，生成简洁的摘要，让我们在短时间内掌握重点，快速决定是否深入阅读。这样既能节省时间，还能帮助我们做出更明智的选择。用 DeepSeek 读书有以下几点好处。

避免盲目阅读：先掌握整体框架，再深入阅读关键章节，确保每一部分的阅读都更有价值。

减少低效理解：DeepSeek 生成的总结帮助你理清脉络，避免因信息过载而造成理解困难。

节省时间：如果你只想获取一本书的核心观点，而非细读所有内容，它提供的概括可以大幅缩短你的阅读时间。

借助 DeepSeek 读书的具体操作方法如下。

生成书籍总结：在正式阅读前，先用 DeepSeek 获取图书的核心思想。比如输入"请帮我总结《一人公司》的主要内容"，DeepSeek 会自动提炼该书的核心观点，让你迅速了解全书的框架。

细化章节要点：如果对某个章节或主题感兴趣，可以进一步让 DeepSeek 总结该部分内容。比如输入"请帮我概括《一人公司》第一章的主要内容"，DeepSeek 会帮助你聚焦最重要的内容，你就不必盲目通读整本书。

高效的阅读策略：通过 DeepSeek 提供的摘要，你可以迅速判断哪些部分值得深入研究，避免冗长的精读过程，从而节省时间，提升效率。比如，你需要阅读一本关于商业管理的书籍《精益创业》，但时间有限。DeepSeek 可以帮助你快速生成摘要，提炼该书的核心思想，如"如何快速测试商业模式""如何降低创业风险""精益创业的核心原则"等。这样，你不仅能在较短的时间内掌握关键内容，还能在未来的深入阅读中带着更有针对性的视角进行分析。

用 DeepSeek 写文章：为你节省 80% 的时间

写作是一项烦琐且耗时的工作，尤其是在需要创作大量内容时，许多创业者和自媒体人常常会感到力不从心。

随着 DeepSeek 的出现，写作变得轻松多了，它能够让你在短时间内完成高质量的文章，大幅提升工作效率，甚至节省 80% 的时间，具体方法如下。

1. 用 DeepSeek 帮助找选题

找选题是写作的第一步，但很多人往往在第一步就被难住，虽然脑袋里有一堆想法，却难以筛选出最合适的主题。DeepSeek 可以帮助你解决这一问题——你只需告诉它你的所在领域，DeepSeek 就能根据当前的市场趋势和热门话题，精准推荐相关选题，帮助你迅速锁定方向。

比如，你想写一篇关于"AI 在教育中的应用"的文章，可以让 DeepSeek 分析市场需求和受众兴趣，给你提供一些切入点，甚至推荐细化的主题方向，让你从一堆想法中快速挑选出最有价值的选题。

2. 用 DeepSeek 给选题设计大纲

选题有了，接下来是如何安排文章结构。很多写作者在这一环节容易迷失，这会导致文章结构松散、逻辑不清，往往要反复修改。DeepSeek 在这方面非常高效。它不仅能生成文章的框架结构，还会为每个部分提供小标题和内容提纲。

例如，你决定写"用 AI 辅助思考的优势"这篇文章，DeepSeek 会为你自动设计出大纲，从"个人思考的困境"到"AI 如何提升思维效率"，再到"如何用 AI 优化决策"，文章的整体框架一目了然，节省了大量的思考和构思时间。

3. 让 DeepSeek 提供内容补充

有了大纲，接下来的任务就是填充内容。这个过程通常需要大量的资料搜集和思考，耗时又费力。DeepSeek 通过智能分析，可以快速为你提供相关的案例、研究数据和专家观点。你只需要提供文章的基本思路，DeepSeek 就会根据你的需求自动生成与主题相关的内容。

举个例子，当你在写"如何用 AI 优化决策"这一部分时，就可以让 DeepSeek 为你提供一些知名的研究成果或成功案例，帮助你补充论据，提升文章的深度与说服力。

4. 修改与润色

完成了文章的大部分内容后，你可以根据需要进行修改和润色。DeepSeek 提供的内容只是基础，它帮你节省了大部分时间，接下来你只需加入个人的创意和风格，使文章更贴近你的要求即可。

用 DeepSeek 完成认知升级

DeepSeek 是帮助我们打破认知限制、提升个人能力的好选择。

比如，想要提升自己的沟通能力，很多人可能会选择去参加一些培训课程。但这方法可能较局限，因为每个人的个人情况不同，沟通风格也不同，学习那些面向大多数人的理论和技巧，效果可能有限。这时可以试试用 DeepSeek，与它交流一下自己的性格特点和遇到的问题，让它给你一些建议，并结合各个学科知识给你一些指导，为你定制个性化成长路径。

人类或多或少都依赖惯性思维，但 DeepSeek 没有这种限制，它能从新视角帮助我们突破认知边界，带来更多可能。

我们总结了借助 DeepSeek 打破认知盲区的 3 个应用场景。

1. 进行跨学科思考

很多个人成长方面的难题，单靠一门学科知识难以解决，而对于我们每个人来说，精通多学科知识并不容易。因此，我们在遇到跨学科问题的时候，就可以让 DeepSeek 融合不同学科知识帮助我们思考，或为我们提供答案。

2. 快速学习并整合信息

思考的过程在于理解和分析已知信息。但当今世界信息量太多了，人类整合信息的速度有限，DeepSeek 就可以帮我们省去许多整理筛选信息的时间。

3. 帮你找到认知盲区

从 DeepSeek 的深度思考过程中可以看出，它能从多角度审视问题，还可以指出一些被提问者忽略的盲区。当你思考复杂问题时，可以试试把你思考问题的思路给它，它就能指出你遗漏的要点和一些认知偏见。这就像有个定制化的资深导师在你身边指导，填补你的认知空缺。

03　越使用 AI，越需要警惕 AI

虽然前面介绍了许多关于使用 AI 的好处，但在这里，还是要很严肃地跟大家分享这个观点：我们可以学习 AI、使用

AI，但是越是熟练使用 AI，越需要警惕 AI 带来的负面影响。

自从 DeepSeek 火了以后，网上出现了各种"1 小时搞定一天工作""3 分钟解决会议纪要""5 分钟生产 10 篇文章"等话题。仅仅是从提升工作效率的角度来说，这些技能都很厉害，但是从个人成长的角度来说，其实值得警惕。

我们都知道，大脑最擅长的就是"思考"，当我们面对未知信息和新知识的时候，需要依靠大脑去理解和思考这些信息。

但有了 AI 之后，人变得更加不愿意思考了——人们遇到问题就想用 AI 来帮助自己思考，觉得既然 AI 的推理能力那么厉害，干脆什么都让 AI 去思考算了。过去，我们在阅读了新信息之后，会靠大脑思考获得答案。而现在，人们多了一个选项：跳过大脑思考过程，直接跟 AI 要答案，让 AI 代替自己思考。

不难想象，长此以往，人会变得思维懒惰、思考低效、甚至会智商下降。

这个一点也不夸张——大家不妨回忆一下，在短视频软件出现之前，你一定是习惯于通过阅读来获取信息的，但有了短视频之后，你的专注能力是不是在下降？是不是开始觉得读书变得很困难，做事也容易分心走神，情绪也变得易怒？

AI 的发展确实为人类的进步提供了巨大价值，能帮我们提高效率、解决问题。但是作为被许多读者信任的作者，我们觉得自己有义务把我们发现的问题分享给大家——可能不一定完全正确，但希望能给大家提个醒，也算是尽到一点责任。

在 AI 时代，一定要保护好自己的思考能力。要把 AI 工具当成你的助手，而不能让它完全代替你去思考判断。下面与大家分享一下我们针对 AI 时代的常见误区给出的建议。

掌握提问能力：让 AI 给出更好的答案

在 AI 时代，很多人有一个致命误区，那就是直接对 AI 发问，期待 AI 一下子就能给出"标准答案"。

在向 AI 提问时，我们往往随口一问，比如"给我一个活动方案"或者"帮我写篇文章"。在得到 AI 的回答之后，很多人会下意识地认为，AI 给出的便是"标准答案"。但实际上，AI 为我们提供的每一次回答，都只是一个模式化的答案，很可能既缺乏创意，又没有深度。要想告别这种模式化的回答，从 AI 那里得到你真正需要的信息和答案，可以关注一下如下问题。

1. 明确方向

我们要清楚自己想要的究竟是什么。虽然不需要使用太多提问技巧，但如果问得太过笼统，即使 AI 能够揣测到你的想法，你也很难一下子就获得想要的答案。

2. 拆解需求

如果你的问题很复杂，可以尝试将大问题拆解为若干个小问题，一个个解决。

3. 逐步提问

在获得初步答案后，可以继续深入挖掘、调整。这样最终得到的答案往往更符合期望。

培养批判性思维：AI 并非绝对权威

第二个致命误区，就是认为"AI 说的必然正确"。

不少人一看到 AI 给出的答案，就下意识地去相信这个答案，觉得它肯定是对的。但事实上，AI 并非全知全能，在很多情况下，它会提供错误的信息，甚至会由于数据偏差而做出不合理的推论。针对这一点，在应用 AI 时，我们有如下几个建议。

1. 事实校验

当 AI 给出具体数据时，最好通过其他工具进行核实。

2. 自我批判

别被 AI 的结论带偏，而是要反思一下：这是否与我所了解的现实相符？是否存在逻辑漏洞或偏差？

3. 不被权威迷惑

无论如何，AI 不会为结果负责，所有结果都是由我们自己来承担，因此在做出最终的决策之前，我们必须凭借自身的思考能力去判断。

专家式思维已过时，跨界融合才是未来

第三个致命误区就是，在个人能力发展的过程中，让自己仅专注于一个领域，而忽视其他领域的发展。

我们认为，在 AI 的浪潮中，单一领域的专家不再占据绝对优势。

为什么？因为 AI 能够迅速学习并掌握各个领域的知识，

甚至在某些领域的知识储备可能超越人类。在这种能力对比下，单打独斗的"专家"越发举步维艰。因此我们有如下建议。

1. 融会贯通

在单一领域的深耕，有时候会成为助力，有时候反而可能束缚你的视野和竞争力。发展综合能力，让能力融会贯通才是长远之计。

2. 跨领域创新

可以尝试将自己所在领域的专业知识与 AI 相结合，比如使用融合 AI 技术的绘画工具、数据分析工具、运营工具等，开拓全新的业务模式和生产流程。

3. 模糊专业边界

真正的竞争力源于跨界整合。当你能够将多个领域的知识加以融合时，方能在 AI 浪潮中觅得立足之所。

AI 是"抄袭能手"，人类才是创造力之源

第四个致命误区就是，误以为"AI 能够创造一切"。

AI 确实能从事一些创意类的工作，但它永远无法缔造出

真正新颖独特的想法。因为 AI 仅仅会基于已有的数据进行生成，无法突破现有的信息，创造出全新的内容。因此我们有如下建议。

1. 融入个人特色

利用 AI 生成内容后，通过人为的判断进行修订，使其融入人的情感、思维方式，更具个人特色。

2. 不断优化与迭代

让 AI 的输出成为创作的起点，而非终点。持续优化，就能真正创造出富有价值的内容。

3. 打破常规

AI 虽然能辅助我们进行写作、设计等工作，但创新的力量依旧源自我们自己。创新来自打破常规和挑战固有模式。

在 AI 洪流中坚守稳定内核

第五个致命误区就是只顾追随 AI 潮流，却忘却了自身的核心价值。

在 AI 能力不断增强，逐渐打破人类认知的时代，许多人开始迷失自我，也开始焦虑，担心自己被 AI 取代，甚至让它左右自己的人生方向。但我们要知道，AI 目前为止只是工具，而非我们思想的主宰。在使用时，我们可以注意以下几点。

1. 坚持自身的观点

AI 生成的内容能够提供参考，但最终的决策必须契合我们自身核心的价值观。切勿让 AI 的观点左右我们的选择。

2. 明确自己的人生使命

只有我们自己能够决定前行的方向。清晰地认识到自己为何而活，如何做出独特贡献，才是真正的成功之道。

3. 强化人的优势

AI 可以帮助我们简化许多工作，也可以提高我们做事的效率，但情感、判断力和创造力，是我们区别于 AI 的真正优势所在。我们要让 AI 帮助我们实现自己的创造力，而非将创造的期望全都寄托在 AI 身上。

唯有保持独立、创新与批判性思维，方能在这场变革中站稳脚跟！

Part 2　技巧篇

让 DeepSeek 帮你完成 10 倍增效

01　深度理解 AI 的类型：工具型与脑力型

在 AI 快速发展的今天，越来越多的人开始与 AI 互动，但你是否有过这样的情况——在向 AI 提问前，先搜索"怎么和 AI 对话"，再小心翼翼地给 AI 下指令？这种方式对工具型 AI 有效，但对于脑力型 AI（如 DeepSeek）则不适用。

AI 大致可以分为两类：工具型 AI 和脑力型 AI。

工具型 AI 像助手，擅长执行简单任务，如翻译文本、修改文字、查资料等，能按指令执行任务。

而脑力型 AI 更像"野生军师"，能帮助你解决复杂问题，进行深度思考和决策支持。与工具型 AI 不同，脑力型 AI 更需要背景信息来提供精准的建议。我们所讨论的 DeepSeek 就是脑力型 AI。

例如，你想开一家一人公司，错误的提问方式是"告诉我开一人公司的流程"，这样得到的回答可能会是注册公司、报税等基础信息，没什么实际帮助。

更好的提问方式是，提供具体情况，比如："我有 6 万存款，怕亏光，我能做什么生意？"DeepSeek 会根据情况给出个性化建议，例如不建议注册公司，而推荐以技能为基础的创业方式。

为了更好地使用脑力型 AI，我们总结了三个"野路子"心法。

1. 直接表达需求：不要用高大上的术语，如"轻资产创业"，而是直接说出困境，比如"我现在没有钱，怎么才能白手起家"，这会让 AI 提供更实际的建议。

2. 暴露弱点更有效：与其装作完美，不如直接说出自己的需求。比如，直接表明"我不想付出太多努力，但是想赚到钱"，AI 会根据你的实际情况提供最适合的策略。

3. 让 AI 帮助试错：例如，不仅可以让 AI 写文案，还可以让它根据反馈逐步调整和优化策略，避免走弯路。

总结来说，DeepSeek 的优势在于，它不仅能快速反应、给出答案，更能根据你的具体需求提供个性化的建议，像一个随时待命的商业顾问。有了 DeepSeek，你就像拥有了一个随时能为你提供帮助的"AI 合伙人"。

02　一定要看 DeepSeek 的推理过程

DeepSeek 的推理过程很有价值——因为 DeepSeek 是先进行推理，再回答问题的，它的推理能反映出很多问题。

比如，小李询问："我现在该买房吗？"在 DeepSeek 的推理过程中，它的初步想法是"是的"，但经过深入推理，DeepSeek 发现了它最初使用的是过时的房价数据，且没有考虑到小李所在行业可能面临的裁员风险，因此纠正了自己的答案。最终，DeepSeek 建议她近期选择"租房 + 定投指数基金"而不是买房，以减少财务压力。

观察 DeepSeek 的推理过程，可以通过以下这三步对它的答案进行优化。

1. 检查推理过程：发现它可能忽视的细节，比如它假设的条件不符合你的实际情况。

2. 识别"跳跃式结论"：例如，如果 DeepSeek 由"很多人在短视频领域创业失败"推理出"你应该写作"，你可以反问它："为何从别人的失败中推理出我要写作？是否忽略了其他可能性？"这种反思会帮助你识别不合适的结论，找到更适合的方向。

3. 让 DeepSeek 反驳自己：让 DeepSeek 站在它自己的对立面，挑战它自己的建议。你可以这样指示它："假装你是我的毒舌朋友，吐槽一下刚才的建议吧。"这样，它会帮助你看到潜在的风险，避免盲目跟随它的推荐，从而帮你找到更合适的解决方案。

总之，DeepSeek 不仅是一个答疑工具，它的"深度思考"推理过程还能帮助我们识别潜在的误区和风险，避免掉入看似合理但潜藏风险的陷阱。

03 如何让 DeepSeek "说人话"

在科技飞速发展的今天，DeepSeek 逐渐融入我们的生活，但许多人仍然用过时的"书面语言"与其互动。例如，很多人向 DeepSeek 提问时，依然会精心雕琢语言，比如："分三步说明，如何用十万元成立一人公司？"这种方式类似于和朋友聊天时却使用很正式的表达，往往会导致低效沟通。

打字和口语两种交互方式之间存在效率差异。口语交流中，表面看似无关紧要的"废话"，实际上能为 AI 提供更多上下文信息，从而帮助其做出更精准的判断。

例如，假设一位设计师想要转型为自由职业者，纠结是否要注册一家公司。

低效提问："成立一家设计类的一人公司需要哪些条件？"

高效提问："我是一名设计师，存款 10 万元，怕亏光；我每天能工作 4 小时，但不想再为别人打工，应该怎么办？"DeepSeek 会根据这些具体情况给出个性化建议。

再比如，如果你要求"请给我一个轻资产创业方案"，得到的回答可能会比较专业，比如："构建 DTC 品牌，通过 KOC 种草实现 GMV 增长。"而如果直接用口语化的表达："我想做副业，但是我没有钱。"DeepSeek 的回答就变成了："在小区微信群卖应季水果，让邻居拼团到水果店自提，赚差价不用囤货。"

为了激活 DeepSeek 的深度思考，避免它输出过于专业或过于抽象的回答，我们可以使用"人话改造"技巧，比如以下几种。

- 加后缀：用 ××× 能听懂的话解释（比如，"请用小学生都能听懂的话解释"）。

- 要求它举具体例子：请举个真实的例子。

- 要求它直接给出具体步骤：别用课本术语！直接告诉我第一步做什么。

- 绑定身份标签：假设我是刚毕业的大学生，请用摆摊经验比喻流量池。

- 场景具象化：如果我开的是社区文具店，怎么让小学生每天都想来？

- 限制知识水平：用教幼儿园小朋友数糖果的方式，说明理财产品风险。

不妨试试，找一条自己没看懂的 AI 回答，加上"用遛狗时和邻居聊天的方式解释"再问一次，看看会生成什么回答？通过掌握这些技巧，我们可以轻松将 DeepSeek 的复杂术语转化为简单易懂的语言，获得更有价值的建议。

Part 3　商业篇

用 DeepSeek 做一人公司的五大心法

01　用 DeepSeek 做一人公司的全流程

利用 DeepSeek 找到市场需求

DeepSeek 能帮你分析市场趋势，快速定位用户痛点，从而找到切入点。

比如，如果你想通过"用 DeepSeek 精读图书"这个话题建立业务，DeepSeek 会自动帮你查找市场上有关的知识领域，分析竞争对手，帮助你精准定位，快速切入。

利用 DeepSeek 制定可执行的小目标

比如，你的目标是"成为某一领域的知名讲师"，可以在 DeepSeek 中输入"如何成为成功的线上课程讲师"，DeepSeek

将帮助你拆解目标，从"确定专业领域"到"选择在线平台"，有效地把大目标拆解成实际可行的小目标，逐步推进。

利用 DeepSeek 打造最小可行产品

DeepSeek 可以结合你擅长的领域给出建议。比如输入"我可以帮助他人解决 ××× 等具体问题"，它会为你提供基于市场需求的可行性分析。你可以根据自身情况，选择一个方向来行动。

可执行的简单产品不需要完美，它的核心目的是迅速推出并验证市场需求。例如，它可以是"讲解某个知识点的线上课程""一份操作指南"或者"简短的咨询服务"。这些都是低成本的可执行产品。

快速反馈与迭代：在发布产品后，DeepSeek 会帮助你收集市场反馈，识别产品优化方向。

利用 DeepSeek 实现持续内容输出

DeepSeek 能帮助你根据关键词和受众需求，提供定期创作的主题和内容框架。比如，如果你关注"AI 在阅读中的应用"，DeepSeek 就会为你提供相关领域的最新趋势和热门话题，帮助你高效创作有价值的内容。

持续输出内容的最终目的是为自己建立个人品牌，通过精确的内容定位吸引用户。DeepSeek 会为你推荐适合的创作方向，并帮你不断优化内容质量，增强用户黏性。

利用 DeepSeek 优化社群管理

一方面，它可以精准识别用户需求。DeepSeek 获取数据后，可以通过分析社群成员的活跃度、兴趣点和痛点，帮助你为他们提供量身定制的内容和服务。

另一方面，它能够辅助社群推广与产品转化。通过社群推广，你可以快速扩大产品的影响力。DeepSeek 可以从精准推送的方面给你一些建议，帮你最大化地实现产品转化。

利用 DeepSeek 实现高效推广

内容中嵌入产品信息：DeepSeek 能帮助你在内容创作中自然嵌入产品或服务信息，提升曝光率和转化率。

扩大曝光与影响力：DeepSeek 能为你推荐合适的合作伙伴和推广渠道，进一步扩大品牌曝光。

在 DeepSeek 的辅助下，你可以优化一人公司的每个操作环节，从目标设定到产品打造，从内容输出到社群管理，最终实现可持续的增长。

02　用 DeepSeek 做内容运营，获取爆款流量

如何通过 DeepSeek 找到账号定位

自媒体的成功往往取决于账号定位的准确性和内容规划的科学性。很多创作者在初期面临这样的问题：

- 我适合做什么类型的内容？
- 我的目标受众是谁？
- 如何规划内容方向，让账号持续增长？

想要找到适合自己的定位，可以分成以下三步。

第一步：分析自身优势，精准定位

我们要明确自己的优势、兴趣以及资源。你可以通过以下问题来进行自我评估：

- 我最感兴趣的领域是什么？
- 我在什么领域有一定的经验？
- 我曾经克服过哪些挑战？

• 我能帮助他人解决哪些问题？

第二步：研究市场需求，确定细分赛道

例如，你可以输入："请分析当下小红书 / 知乎 / 抖音最受欢迎的内容类型，并根据这些趋势给出细分赛道建议。"DeepSeek 会根据这些热门平台的数据，提供具体的细分领域和市场需求，从而帮助你精准切入。

第三步：构建内容矩阵，形成持续输出能力

你可以让 DeepSeek 帮助你制定三个月的内容规划，并根据不同平台的特点调整内容格式。比如："假设我的账号定位是'个人成长'，请你帮助我制定一份三个月的内容规划，涵盖选题方向、发布时间建议等。"

通过这种方法，你能够清晰地规划自己的内容输出，使创作过程变得更有条理和系统化。

如何快速生成自媒体文章？

接下来，谈一谈如何借助 DeepSeek 快速写出自媒体创作的具体内容。

DeepSeek 使每个人都能轻松成为内容创作者，不必担心

"写不出文章"这个问题。

1. 搜索高阅读量选题

找选题是自媒体创作的第一步。你可以通过 DeepSeek 执行精确的选题分析，让它帮助你在庞大的信息海洋中找到那些具有较高阅读和吸引力的话题。

你可以这样问 DeepSeek："我看到几篇爆款文章标题分别是'×××'和'×××'。请分析这些选题的特点，帮助我找到类似的热门话题。"

2. 由选题生成内容

一旦确定了选题，接下来就是内容创作的部分。你可以要求 DeepSeek 根据选题生成完整的文章框架和大概内容。

例如，若你选择了"揭秘成功人士的 5 个日常秘诀"这个选题，可以输入："请根据这个选题生成一篇公众号文章，内容包括成功原因、实用性建议、故事代入、案例说明等。"

通过与 DeepSeek 的互动，你将能够在几分钟内获得一个初步的文章草稿，节省大量时间，让自己迅速进入创作状态。

3. 优化文章，提高吸引力

初稿只是开始，文章的优化同样重要。你可以让

DeepSeek 帮你优化文章的风格，使其更具吸引力和可读性。

比如，输入"请用日常与朋友分享的口吻修改文章，让内容更轻松易懂，同时增加趣味性和代入感"，DeepSeek 就会帮助你调整，使文章更加通俗，同时保持专业性和逻辑性。

4. 标题优化

文章的标题往往决定了它是否能获得足够的点击量。通过 DeepSeek，你还可以获得文章标题的优化建议。

比如，输入"请为这篇文章生成 5 个吸引人的标题，确保提高点击率"，从而迅速找到适合的爆款选题。

总而言之，DeepSeek 可以帮助我们生成高质量的文章，优化运营流程并提高内容的质量。在自媒体创作的道路上，DeepSeek 将是一个强大的助手。

03 让 DeepSeek 成为你的专属超级助理

在当今竞争激烈的市场中，单打独斗的创业者往往面临着诸多挑战。比如独自开奶茶店的老板每天都要忙到凌晨，被研究新品配方、算成本定价以及回复客户差评等各种琐事缠身。

然而，当他开始运用 DeepSeek 这个"虚拟合伙人"后，很多工作或许就会变得容易了。那么，他具体要如何做呢?

省时间的秘诀：遇到问题先"摇人"

创业者常常会陷入自己死磕问题的困境。比如，当要设计课程价格时，旧的做法往往是花费大量时间去查竞品，这可能需要 3 个小时；然后需要做对比表，并分析表格中的数据，这个对比和思考的时间，甚至要花 3 天。但新的方法却简单直接，那就是直接问 DeepSeek。

举个例子，一位在上海教吉他的老师，打算开办线下课。于是他向 DeepSeek 提问："我在上海教吉他，线下课，竞争对手定价每节课 200 元，我的优势是 10 年乐队经验，怎么定学费？" DeepSeek 仅仅用了 10 秒就完成了深度思考，并给出了方案："建议定价 240 元（用师资溢价避开价格战），并且赠 30 分钟一对一练习指导，前 10 名报名送乐队演出观摩票（成本为 0，但学员觉得超值）。"

有一位小红书手作店主就用这招确定了自己的钩针课价格，她的咨询转化率从 20% 涨到了 67%，秘诀就是 DeepSeek

帮她算准了"让顾客觉得占便宜"的定价"组合拳"。

追问到底：像训练员工一样训练 DeepSeek

当 DeepSeek 给出建议时，创业者们不要害怕当"烦人精"老板，要学会追问到底。比如当 DeepSeek 给出"多发优惠券"的建议时，可以追问："哪种券转化率高？满减还是折扣？""新客和老客应该发不同券吗？""周三下午发券效果真的更好吗？"

一位服装店主的实操记录就很能说明问题。当他第一次问"怎么减少淘宝店退货率"时，DeepSeek 的回答中有一条建议是让他"优化商品详情页"，于是他就追问："具体要在详情页第几屏放尺寸对照表？"DeepSeek 就给出了一个具体的方案："第 2 屏放真人试穿视频，第 3 屏放表格，并用文案强调'选错码数包邮退'。"结果，他的店铺退货率从 37% 降到了 18%，省下的运费就是纯利润。

秒变行动派：有些方案直接就能用

拿到 DeepSeek 的建议后，创业者们不能让好点子"烂在对话框里"，而要马上拆成待办清单。可以分为：立即能做的

（绿色标记），比如"明天 9 点给最近 3 个差评客户发补偿券"；需要准备的（黄色标记），比如"周四前找到 10 个客户做新品试吃"；长期优化的（红色标记），比如"每月用 DeepSeek 分析一次复购率数据"。

用公众号"躺着"接单：你的思考记录能赚钱

每次咨询 DeepSeek 的过程都是素材宝藏，创业者们可以把对话记录整理成文章，既能巩固知识又能引流。

这里有一些标题模板可供参考，比如"小白店主用 DeepSeek 省下 3 万冤枉钱的 7 个技巧""从差点关店到月入 5 万：我的 DeepSeek 参谋秘籍"。

教钢琴的刘老师就有一个真实变现案例。他把和 DeepSeek 讨论"如何让小孩坚持练琴"的对话发到公众号，意外收到 20 个家长报名。发布对话的秘诀就是在文章里"埋钩子"，比如"DeepSeek 给我的绝招 3：在琴谱上贴奥特曼贴纸（具体用法扫码看对话记录）"。现在他发布的每篇由与 DeepSeek 的对话整理的公号文，都能带来 3 ~ 5 个新学员，连他的朋友圈文案都是 DeepSeek 生成的。

一人公司必备的 3 个 AI 撒手锏

除了 DeepSeek 之外，还有很多嵌入系统的 AI 工具可以极大地提升效率，也有许多运用 DeepSeek 模型的软件可以提高效率。这里简单举几个例子。

首先是 24 小时客服（比人工兼职性价比高）。当客户问："衣服洗后会缩水吗？"AI 回复模板可以是："亲，我们的 T 恤经过预缩工艺处理（附水洗厂照片），正常机洗不变形哦～要是有任何问题，我们承担来回运费给您换新（笑脸表情）。"

其次是爆款标题生成器。输入"卖手工香薰，要突出睡前安神"，AI 就能产出许多爆款标题，比如"失眠星人救星！闻着就犯困的枕头喷雾，明星芳疗师私藏配方"。

最后是会议纪要小秘书。把和客户的微信语音转文字扔给 AI，3 秒就能得到客户核心需求、需要注意的问题以及下一步行动等关键信息。

总而言之，使用 DeepSeek 的关键心法，就是把 DeepSeek 当"不需要工资却非常全能的员工"，创业者只管做最终决策，而那些烧脑的、重复性的、需要查资料的工作，统统外包给 DeepSeek，留出的时间用来做真正赚钱的事、思考真正关键的问题和享受生活——比如谈客户、优化产品、陪家人。

04　你的专属"商业顾问"

我依然记得，在过去的几年中，我们的团队在遇到管理困惑和战略挑战时是如何依赖外部咨询的——这意味着投入巨大的成本，因为我们必须支付高昂的费用才能聘请有经验的顾问，而这些顾问会根据我们的问题提供针对性的建议。

但是，当我们意识到 DeepSeek 和其他与之类似的 AI 工具可以为我们提供相同甚至更高质量的咨询时，我们的整个商业认知发生了跃迁。

为什这么说？因为以现在的 AI 发展水平，它不仅能给出"通用"的建议，还能结合它的专业知识，针对我们团队的具体问题提供非常个性化、细致化的解答。

当我们将自己团队的情况（比如每个成员的岗位职责、商业增长点、市场挑战等）输入到 DeepSeek 系统中后，它不仅能够理解我们遇到的难题，还能从数据和经验中汲取智慧，给出高质量的策略和解决方案。这就像聘请了一位咨询费 10

万元以上的商业咨询顾问，但我们付出的代价几乎为零。

举个例子，我们在尝试优化团队的工作流程时，DeepSeek 为我们提供了一些非常具体的建议。例如，某些岗位可以进行流程再造，减少不必要的步骤，甚至告诉我们如何分配资源才能实现最大化的增长。

原本我们需要与外部专家对接并花费大量时间与资金才能得到的策略，如今却可以通过 DeepSeek 轻松获得。

如何最大化利用 DeepSeek 进行商业咨询

要真正通过 DeepSeek 这样的 AI 工具获得有价值的商业建议，首先需要清楚地描述自己遇到的问题和挑战。这是我们获取优质答案的前提。如果我们只是简单地问一个模糊的问题，AI 给出的答案可能不够精准；而如果我们能够清晰、详细地描述当前面临的困难、现有的商业模式以及增长的瓶颈，DeepSeek 就会给我们提供接近顶级商业顾问水平的建议。

以下是一些可以帮助你高效利用 DeepSeek 进行商业咨询的建议。

1. 清晰描述问题与商业模型

尽量详细地描述你面临的商业挑战，以及你当前的商业模式。比如，你可以问："我们的团队目前在执行市场推广策略时，客户转化率偏低，如何提升？"或者："我们希望在三个月内让收入提升 30%，如何优化现有的运营流程？"有了这种详细的背景描述，DeepSeek 就能够快速分析出问题的症结，并提供优化建议。

2. 利用 DeepSeek 的战略性思维

DeepSeek 在很多方面超越了人类顾问，因为它能够同时处理大量的数据，并从中提炼出有价值的商业洞察。例如，在我们团队进行战略规划时，DeepSeek 不仅分析了我们的市场定位，还根据行业的趋势、消费者的需求和竞争对手的情况，给出了多项可行的战略方案。这种跨行业的视角和深度分析，是人类顾问需要拥有长期的知识积累和多年的经验才能提供的。

3. 持续迭代与优化

AI 的一个强大优势在于，它可以随着时间的推移，不断优化策略。在使用 DeepSeek 等 AI 工具时，我们不是只进行一次性提问，而是通过持续输入新的数据和反馈，让 AI 更精准地调整建议。这种"自我学习"的能力，使得 AI 能够根据最新的信息调整它的建议，提供更加切合实际的解决方案。

DeepSeek：从初创团队到企业级发展的加速器

DeepSeek 不仅可以为我们提供创业初期的战略指导，而且在公司发展的各个阶段都能提供帮助 。从初创期的市场分析、产品设计，到发展期的团队管理、运营优化，再到成熟期的战略调整，DeepSeek 可以全方位地为企业提供支持。

例如，当我们的团队关注如何扩大市场份额时，DeepSeek帮助我们识别了潜在的市场空白和客户需求，并提出了精准的推广策略。在团队扩展阶段，DeepSeek 还提供了人员结构优化的建议，帮助我们更高效地分配资源。随着业务的不断发展，DeepSeek 在帮助我们调整战略、提升品牌影响力方面也发挥了巨大的作用。

通过 DeepSeek 的辅助，我们不仅节省了高额的外部咨询费用，还能够实时调整商业模式，快速响应市场变化。这使得我们的团队无论是在初创阶段还是在企业扩展过程中，都能够高效地做出决策并灵活地执行。

未来展望：每个企业都可以拥有 DeepSeek 顾问

随着 AI 技术的不断进步，我们相信未来每个创业团队，无论规模大小，都能够通过类似 DeepSeek 的智能工具，获得顶级的商业顾问支持。这将彻底改变传统商业咨询的格局，使得任何人都可以在没有庞大资金和人脉支持的情况下，通过 AI 的帮助，与大企业一样获得高效的战略指导。

在我们的设想中，在未来，每个企业都不再依赖传统的商业顾问，而是可以拥有一位随时待命、无需支付巨额费用的 AI 顾问。这不仅是一个降低成本的机会，更是一次提升效率的革命。DeepSeek 不仅能够帮助我们更好地把握商业机会，还能让我们在竞争激烈的市场中迅速崭露头角，获得属于自己的成功。

也许在不久的将来，DeepSeek 不仅能改变我们获取商业智慧的方式，也能改变我们对"商业顾问"这一角色的理解。

05　用 DeepSeek 为一人公司赋能

随着 AI 技术的迅速崛起，每个人都能借助 AI 技术成为更高效的个人创业者，开启一人公司的新时代。这本小册子正是为了与大家分享"如何在做一人公司的过程中，借助 DeepSeek 加速成长"。

一人公司的本质：低成本、高收益

一人公司，指的是以个人为主体的商业模式。早期创业时，我从内容编辑、产品设计、销售到客服管理都亲力亲为，压力巨大。但今天，有了以 DeepSeek 为代表的 AI 工具的帮助，我可以通过 AI 工具来编辑、生成文章，大大节省时间，让我有更多精力去做更有价值的工作。

传统的"一人公司"模式，将因 AI 技术迎来一场彻底变革。

商业闭环与可复制产品

一人公司的成功依赖于两个关键因素：商业闭环和可复制性。

商业闭环是指通过产品或服务获得收入，并通过持续服务和产品迭代形成良性循环。我们通过自媒体、社群营销等方式为客户提供价值，同时也从中获得了收入。

可复制性是指产品能够产生持续收益而无须重复劳动。我们推出的在线课程和社群内容就具有这样的特点，投入一次时间和精力，便能源源不断地产生收益。

AI 赋能：让每个人都能做"老板"

AI 赋能使一人公司模式的优势更为突出。AI 不仅可以帮助我们完成内容创作、客户服务和市场分析，还能通过智能算法帮助我们更高效地做出决策。它能分析客户需求并生成个性化营销内容，帮助我们精准预测市场趋势，从而盈利。

AI 不只是工具，更是虚拟员工。

未来展望：与 AI 共舞的"一人公司"

在可预见的未来，越来越多的个体将借助 AI 成为完全独立的一人公司，持续获得收入。无论是自由职业者、创业者，还是副业者，都能利用 AI 工具自我赋能，开启更多商业机会。

希望这个小册子能够帮助大家更深入地理解并掌握一人公司运营模式，找到通过 AI 实现自我创业、提升生活质量、摆脱传统职业束缚的路径，借助 AI 工具，成为自己"一人公司"的老板。

让我们一起，借助 AI 的力量，开启属于自己的一人公司之旅！